高等学校设计+人工智能（AI for Design）系列教材

人工智能导论

轩书科　姜亮　高明武　　　主　编
肖月宁　韩宝燕　荣蓉　孟祥敏　副主编

清华大学出版社
北京

内 容 简 介

本书全面介绍了人工智能基础知识，涵盖了 Python 编程基础、机器学习、深度学习的基本理论和实践操作，讲解了最新的 AIGC 技术与艺术设计的结合情况，以及 Stable Diffusion 的使用方法和人工智能生成音乐视频的各种模型与平台的操作教程，通过理论与实践相结合的方式，不仅为读者提供了人工智能领域的全面知识讲解，还通过大量的实践案例，加深读者对人工智能应用的理解。

本书图文并茂，示例丰富，讲解细致透彻，介绍深入浅出，具有很强的实用性和可操作性，不仅适宜作为普通高等院校、艺术类院校及职业院校人工智能通识教育的首选教材，同时也是一本适合人工智能初学者，并能逐步引领其步入高阶学习殿堂的启迪读物。

本书封面贴有清华大学出版社防伪标签，无标签者不得销售。
版权所有，侵权必究。举报：010-62782989，beiqinquan@tup.tsinghua.edu.cn。

图书在版编目（CIP）数据

人工智能导论/轩书科，姜亮，高明武主编. -- 北京：清华大学出版社，2025.2.
（高等学校设计＋人工智能（AI for Design）系列教材）. -- ISBN 978-7-302-68271-4
Ⅰ.TP18
中国国家版本馆 CIP 数据核字第 2025NG6223 号

责任编辑：田在儒
封面设计：张培源　姜　晓
责任校对：刘　静
责任印制：杨　艳

出版发行：清华大学出版社
　　网　　址：https://www.tup.com.cn，https://www.wqxuetang.com
　　地　　址：北京清华大学学研大厦 A 座　　邮　编：100084
　　社 总 机：010-83470000　　邮　购：010-62786544
　　投稿与读者服务：010-62776969，c-service@tup.tsinghua.edu.cn
　　质量反馈：010-62772015，zhiliang@tup.tsinghua.edu.cn
　　课件下载：https://www.tup.com.cn，010-83470410
印 装 者：小森印刷霸州有限公司
经　　销：全国新华书店
开　　本：185mm×260mm　　印　张：13.5　　字　数：326 千字
版　　次：2025 年 2 月第 1 版　　　　　　印　次：2025 年 2 月第 1 次印刷
定　　价：79.00 元

产品编号：107125-01

丛书编委会

主　编
　　董占军

副主编
　　顾群业　孙　为　张　博　贺俊波

执行主编
　　张光帅　黄晓曼

评审委员（排名不分先后）
　　潘鲁生　黄心渊　李朝阳　王　伟　陈赞蔚
　　田少煦　王亦飞　蔡新元　费　俊　史　纲

编委成员（按姓氏笔画排序）

王　博	王亚楠	王志豪	王所玲	王晓慧	王凌轩	王颖惠
方　媛	邓　晰	卢　俊	卢晓梦	田　阔	丛海亮	冯　琳
冯秀彬	冯裕良	朱小杰	任　泽	刘　琳	刘庆海	刘海杨
孙　坚	年　琳	年堂娟	严宝平	杨　奥	李　杨	李　娜
李　婵	李广福	李珏茹	李润博	轩书科	肖月宁	吴　延
何　俊	闫媛媛	宋　鲁	张　牧	张　奕	张　恒	张丽丽
张牧欣	张培源	张雯琪	张阔麒	陈　浩	陈刘芳	陈美西
郑　帅	郑杰辉	孟祥敏	郝文远	荣　蓉	俞杰星	姜　亮
骆顺华	高　凯	高明武	唐杰晓	唐俊淑	康军雁	董　萍
韩　明	韩宝燕	温星怡	谢世煊	甄晶莹	窦培菘	谭鲁杰
颜　勇	戴敏宏					

丛书策划
　　田在儒

本书编委会

主　编

　　轩书科　姜　亮　高明武

副主编

　　肖月宁　韩宝燕　荣　蓉　孟祥敏

编委成员

　　王彦芸　孟鑫荣　王中宇　姜智猛

| 丛书序 |

  生成式人工智能技术的飞速发展,正在深刻地重塑设计产业与设计教育的面貌。2024年(甲辰龙年)初春,由山东工艺美术学院联合全国二十余所高等学府精心打造的"高等学校设计+人工智能(AI for Design)系列教材"应运而生。

  本系列教材旨在培养具有创新意识与探索精神的设计人才,推动设计学科的可持续发展。本套教材由山东工艺美术学院牵头,汇聚了五十余位设计教育一线的专家学者,他们不仅在学术界有着深厚的造诣,而且在实践中亦积累了丰富的经验,确保了教材内容的权威性、专业性及前瞻性。

  本系列教材涵盖了《人工智能导论》《人工智能设计概论》等通识课教材和《AIGC游戏美宣设计》《AIGC动画角色设计》《AIGC游戏场景设计》《AIGC工艺美术》等多个设计领域的专业课教材,为设计专业学生、教师及对AI在设计领域应用感兴趣的专业人士,提供全面且深入的学习指导。本系列教材内容不仅聚焦于AI技术如何提升设计效率,更着眼于其如何激发创意潜能,引领设计教育的革命性变革。

  当下的设计教育强调数据驱动、跨领域融合、智能化协同及可持续和社会化。本系列教材充分吸纳了这些理念,进一步推进设计思维与人工智能、虚拟现实等技术平台的融合,探索数字化、个性化、定制化的设计实践。

  设计学科的发展要积极把握时代机遇并直面挑战,同时聚焦行业需求,探索多学科、多领域的交叉融合。因此,我们持续加大对人工智能与设计学科交叉领域的研究力度,为未来的设计教育提供理论及实践支持。

  我们相信,在智能时代设计学科将迎来更加广阔的发展空间,为人类创造更加美好的生活和未来。在这样的时代背景下,人工智能正在重新定义"核心素养",其中批判性思维水平将成为最重要的核心胜任力。本系列教材强调批判性思维的培养,确保学生不仅掌握生成式AI技术,更要具备运用这些技术进行创新和批判性分析的能力。正因如此,本系列教材将在设计教育中占有重要地位并发挥引领作用。

  通过本系列教材的学习和实践,读者将把握时代脉搏,以设计为驱动力,共同迎接充满无限可能的元宇宙。

董占军

2024年3月

前言

人工智能已悄然渗透到我们日常生活的各个角落，无论是自动驾驶技术、智能助手，还是艺术设计与生成，人工智能的应用无处不在，为我们的生活带来了前所未有的便利与可能性。面对这一波新兴技术的浪潮，每一位大学生、科研人员以及爱好者，都有必要了解并掌握这一领域的知识，以迎接未来更加智能化的社会。

本书旨在为广大读者提供全面、系统的人工智能基础知识。内容涵盖了人工智能的基础理论、Python 编程、机器学习与深度学习等核心技术，并特别针对设计领域的应用，详细介绍了如生成式人工智能在艺术创作及图像、音乐、视频生成等方面的前沿技术。通过丰富的案例和详尽的操作指南，本书力求将复杂的技术原理化繁为简，使读者能够循序渐进地掌握人工智能的应用技能。

全书共 8 章，第 1 章引领读者初步认识人工智能的定义、发展历程及其在现代生活中的广泛应用，使读者建立清晰的知识框架，并为后续技术知识的学习奠定坚实基础。第 2 章详细介绍人工智能中常用的编程工具和语言，以 Python 为核心，从基本语法、数据结构到模块与库的使用方法，循序渐进地展开。作为人工智能开发的主流编程语言，Python 在数据处理、算法实现方面具有得天独厚的优势，因此，掌握 Python 编程是进行 AI 学习和应用的重要前提。

第 3 章至第 5 章依次介绍了数据处理与可视化、机器学习基础，以及人工神经网络与深度学习基础。通过讲解 NumPy、Pandas 和 Matplotlib 等框架工具，培养读者处理数据的能力；系统解析线性回归、分类等基本算法，指导读者构建和训练简单的机器学习模型；深入探讨深度学习的概念、架构及训练流程，为后续生成式人工智能在艺术创作中的应用奠定技术基础。

第 6 章至第 8 章聚焦于生成式人工智能与艺术设计、人工智能绘画技术及其工具，以及人工智能音乐和视频创作技术及其工具。通过介绍图像生成、音乐生成、视频生成等技术，揭示人工智能在艺术设计领域的创造性应用；详细介绍 Stable Diffusion、ControlNet 和 LoRA 等 AI 绘画工具的使用方法和技巧；探讨 AI 在音乐与视频生成中的广泛应用，介绍网易天音、Suno AI 等主流音乐和视频创作平台。这 3 章不仅为设计师提供了高效的工具，而且有助于培养学生的创造性思维能力，进一步拓展了 AI 在多模态生成中的应用场景。

总之，本书通过章节的层层递进，构建了从理论到实践的人工智能学习路径，带领读者完整地掌握人工智能的基础理论和实际应用技巧，在技术与艺术融合的时代潮流中拓展思维、创新实践。

  为了确保更广泛的适用性，本书由山东工艺美术学院牵头，联合山东艺术学院、曲阜师范大学和山东理工职业学院等国内高校共同编写。本书力求在讲解上深入浅出，既注重理论知识的系统传授，又通过大量实践案例，帮助读者更好地理解和掌握人工智能的实际应用。

  如果本书能够有幸成为众多读者踏入人工智能技术领域的起点，那将是我们的莫大荣幸。在此，我们衷心感谢清华大学出版社的编辑为本书的编写提供了诸多宝贵的建议和支持。同时，我们也向无界 AI 与"天工开物"大模型平台表达最深的谢意，本书中的 AI 生成图像均得益于这两大平台的鼎力相助。在本书的编写过程中，我们广泛参考了国内外近期出版的众多书籍、论文等资料，在此，向所有相关作者致以诚挚的感谢。

  尽管我们已尽力确保内容的准确性和完整性，但在编写过程中难免会出现疏漏或不妥之处，敬请广大读者批评指正。

编 者
2025 年 1 月

教学资源

目 录

第 1 章　人工智能概述　/ 1

1.1　人工智能简介　/ 1
　　1.1.1　引言　/ 1
　　1.1.2　智能的概念　/ 2
　　1.1.3　人工智能的定义　/ 3
　　1.1.4　人工智能的分类　/ 3
　　1.1.5　人工智能的三个核心要素　/ 4
1.2　人工智能的起源与发展　/ 5
　　1.2.1　第一个发展阶段
　　　　　（1956—1976）/ 5
　　1.2.2　第二个发展阶段
　　　　　（1976—2006）/ 5
　　1.2.3　第三个发展阶段
　　　　　（2006 年至今）/ 6
1.3　学习人工智能的意义　/ 7
1.4　人工智能的主要分支　/ 7
　　1.4.1　机器学习　/ 8
　　1.4.2　神经网络　/ 8
　　1.4.3　机器人技术　/ 9
　　1.4.4　专家系统　/ 9
　　1.4.5　计算机视觉　/ 10
　　1.4.6　自然语言处理　/ 10
1.5　小结　/ 10
习题　/ 11

第 2 章　人工智能编程基础　/ 12

2.1　Python 在人工智能编程中的优势　/ 12

　　2.1.1　Python 简介　/ 12
　　2.1.2　Python 的应用领域　/ 13
　　2.1.3　Python 的核心优势　/ 13
2.2　Python 的安装及环境配置　/ 14
　　2.2.1　Python 的下载和安装　/ 14
　　2.2.2　PyCharm 的下载和安装　/ 17
2.3　Python 语言基础　/ 19
　　2.3.1　Python 基本语法　/ 19
　　2.3.2　关键字与标识符　/ 21
　　2.3.3　常量与变量　/ 23
　　2.3.4　算术运算符　/ 24
　　2.3.5　比较运算符　/ 25
2.4　数据类型与转换　/ 26
　　2.4.1　数值　/ 26
　　2.4.2　字符串　/ 26
　　2.4.3　布尔值　/ 29
　　2.4.4　列表　/ 29
　　2.4.5　元组　/ 32
　　2.4.6　字典　/ 33
　　2.4.7　集合　/ 33
　　2.4.8　类型转换　/ 33
2.5　逻辑控制语句　/ 34
　　2.5.1　条件分支语句　/ 34
　　2.5.2　循环语句　/ 35
　　2.5.3　break 语句和 continue 语句　/ 36
2.6　函数　/ 37
　　2.6.1　定义和使用函数　/ 37

2.6.2 变量的作用域 / 39
2.7 模块与库的使用 / 40
　2.7.1 自定义模块 / 40
　2.7.2 标准库的模块 / 41
2.8 面向对象编程基础 / 41
　2.8.1 基本概念 / 41
　2.8.2 类的定义和对象创建 / 41
　2.8.3 继承 / 42
　2.8.4 多态 / 43
2.9 案例：创建"画廊"系统 / 43
2.10 小结 / 45
习题 / 46

第 3 章　数据处理与可视化 / 47

3.1 NumPy——科学计算工具 / 47
　3.1.1 NumPy 概述 / 47
　3.1.2 NumPy 数组运算 / 48
3.2 Pandas——数据分析工具 / 54
　3.2.1 Pandas 概述 / 54
　3.2.2 Pandas 基础 / 55
　3.2.3 Pandas 数据预处理 / 60
3.3 Matplotlib——数据可视化工具 / 63
　3.3.1 Matplotlib 概述 / 63
　3.3.2 Matplotlib 绘图 / 65
3.4 案例：抽象艺术数据可视化 / 67
3.5 小结 / 70
习题 / 70

第 4 章　机器学习基础 / 71

4.1 机器学习概述 / 71
　4.1.1 机器学习的定义 / 72
　4.1.2 机器学习的基本原理 / 72
　4.1.3 机器学习的主要术语 / 73
　4.1.4 机器学习的算法分类 / 73
　4.1.5 机器学习的主要应用领域 / 74
4.2 监督学习与无监督学习 / 74

　4.2.1 监督学习 / 74
　4.2.2 无监督学习 / 75
4.3 scikit-learn 机器学习库 / 76
　4.3.1 scikit-learn 概述 / 76
　4.3.2 scikit-learn 机器学习工作流程 / 77
4.4 线性回归 / 78
　4.4.1 线性回归概述 / 78
　4.4.2 线性回归算法基本原理 / 78
　4.4.3 线性回归算法应用 / 79
4.5 分类 / 82
　4.5.1 分类概述 / 82
　4.5.2 分类的工作流程 / 83
　4.5.3 逻辑回归算法 / 83
　4.5.4 逻辑回归的实现 / 84
4.6 案例：一元线性回归模型的实现与可视化 / 86
4.7 小结 / 87
习题 / 87

第 5 章　人工神经网络与深度学习基础 / 88

5.1 人工神经网络概述 / 88
　5.1.1 感知机 / 89
　5.1.2 从感知机到神经网络 / 90
　5.1.3 常用激活函数 / 91
5.2 深度学习简介 / 92
　5.2.1 深度学习的概念 / 92
　5.2.2 深度学习与传统机器学习 / 92
5.3 主流深度学习框架介绍 / 93
5.4 人工神经网络的训练 / 94
5.5 卷积神经网络 / 95
　5.5.1 卷积神经网络简介 / 95
　5.5.2 卷积神经网络的结构 / 95
　5.5.3 卷积计算 / 96
5.6 循环神经网络 / 99

5.7 案例：使用 Keras 实现 CNN 手写数字识别 / 99
5.8 小结 / 101
习题 / 101

第 6 章 生成式人工智能与艺术设计 / 102

6.1 生成式人工智能概述 / 102
6.2 生成式人工智能技术原理 / 103
  6.2.1 深度学习模型 / 103
  6.2.2 生成对抗网络 / 103
  6.2.3 自然语言处理 / 103
  6.2.4 扩散模型 / 104
  6.2.5 预训练与微调 / 104
  6.2.6 多模态生成 / 104
6.3 生成式人工智能平台与工具 / 105
  6.3.1 文本生成平台 / 105
  6.3.2 图像生成平台 / 106
  6.3.3 音频生成平台 / 107
  6.3.4 视频生成平台 / 107
6.4 生成式人工智能赋能艺术设计 / 108
  6.4.1 游戏设计 / 109
  6.4.2 装扮设计 / 109
  6.4.3 首饰设计 / 109
  6.4.4 绘画 / 110
  6.4.5 摄影 / 110
  6.4.6 服装设计 / 110
  6.4.7 电影制作 / 111
  6.4.8 建筑设计 / 111
6.5 小结 / 112
习题 / 112

第 7 章 人工智能绘画技术及其工具 / 113

7.1 人工智能绘画概述 / 113
  7.1.1 认识人工智能绘画 / 114
  7.1.2 人工智能绘画的发展过程 / 114
7.2 Stable Diffusion 基础 / 115
  7.2.1 Stable Diffusion 软件介绍 / 115
  7.2.2 Stable Diffusion 界面介绍 / 115
  7.2.3 Stable Diffusion 模型类型介绍 / 117
7.3 文生图 / 117
  7.3.1 提示词书写方法 / 117
  7.3.2 生成参数调整 / 121
7.4 图生图 / 126
  7.4.1 图生图的常用功能 / 126
  7.4.2 图像局部修改 / 128
7.5 ControlNet 插件的使用 / 133
  7.5.1 ControlNet 安装方式 / 133
  7.5.2 ControlNet 界面和参数 / 133
  7.5.3 ControlNet 模型的使用 / 136
7.6 LoRA 模型的使用 / 142
  7.6.1 LoRA 模型及其安装方法 / 142
  7.6.2 LoRA 模型的使用方法 / 144
7.7 案例：生成 AI 未来城市海报 / 145
7.8 小结 / 149
习题 / 149

第 8 章 人工智能音乐和视频创作技术及其工具 / 150

8.1 人工智能音乐概述 / 150
  8.1.1 认识人工智能音乐 / 150
  8.1.2 常用人工智能音乐大模型简介 / 151
8.2 人工智能音乐基本乐理知识 / 153
  8.2.1 作曲 / 153
  8.2.2 作词 / 155
8.3 "网易天音"操作教程 / 155
  8.3.1 人工智能写歌 / 155
  8.3.2 人工智能编曲 / 163
  8.3.3 人工智能作词 / 165
8.4 Suno AI 操作教程 / 168
  8.4.1 使用 Suno AI 英文版 / 168

8.4.2 使用 Suno AI 音乐中文站 / 173

8.4.3 使用天工开物 DesignXAI 平台的 AI 音频工具 / 175

8.5 案例：使用"网易天音"创作歌曲 / 178

8.6 人工智能视频基本知识 / 181

    8.6.1 视频技术基本概述 / 181

    8.6.2 常用 AIGC 视频生成工具 / 183

    8.6.3 Prompt 文字指令的输入 / 189

8.7 案例：使用即梦 AI 生成图片和视频 / 190

    8.7.1 登录即梦 AI 创作平台 / 191

    8.7.2 即梦 AI 生成图片 / 192

    8.7.3 即梦 AI 生成视频 / 194

8.8 小结 / 202

习题 / 202

参考文献 / 204

第 1 章

人工智能概述

本章主要介绍人工智能的基本概念、发展历程和主要分支，主要内容包括：
- 人工智能的定义及其核心要素；
- 人工智能的起源与发展历程；
- 学习人工智能的意义与目的；
- 人工智能的主要分支。

本章为后续的学习奠定基础，帮助读者了解人工智能的基本框架与发展背景，并引导读者熟悉人工智能在各个行业中的广泛应用。

1.1 人工智能简介

1.1.1 引言

人工智能（artificial intelligence，AI）是一门新兴学科，它的概念最早是在 1956 年的达特茅斯会议上正式提出的。在其后的几十年里，人工智能在计算机科学的基础上，逐渐发展成集合了数学、哲学、信息论、控制论、神经心理学等研究领域的交叉学科。随着技术的不断突破，人工智能也一步步进入公众视野，引起人们的广泛关注。2016 年 3 月，AlphaGo 和围棋冠军李世石的世纪一战，打破了曾经一度盛行的"人工智能不可能战胜围棋高手"的论断，大众第一次深刻地感受到了人工智能的威力和潜力。到了 2022 年年末，

ChatGPT 的横空出世更是引发了空前的热度，所有人都在讨论——面对越来越强大的人工智能，我们要怎么应用它而不是被其取代。

当前，人工智能已深深融入我们的日常生活之中，从利用人脸识别技术解锁手机，到智能系统精准推送新闻，再到打车软件为我们规划最优路线，这些已成为我们每天常用的便捷功能。不仅如此，扫地机器人完成清洁工作，AI 对手陪练游戏，购物软件提前推荐心仪商品，以及自动驾驶的无人汽车……各种人工智能的落地应用正在大幅提高人们生活的幸福指数。

与此同时，人工智能展现的创造力日益突出，如今为数不少的自媒体从业者都开始选择使用 AI 工具创作新闻稿件，社交平台上更是充斥着 AI 生成的图片。更重要的是，AI 的崛起还为设计行业打开了一个前所未有的可能性世界，例如阿里智能设计实验室的"鹿班"系统，就曾经创下在"双十一"期间设计出数亿张 Banner 的壮举，这样的效率超越了传统设计师行业的极限。由此可见，利用 AI 工具辅助设计，可以为设计师提供更多的创新空间和更高的设计效率，是必然的发展趋势。图 1-1 所示为 AI 工具 Midjourney 生成的香水广告图片。

1.1.2 智能的概念

自人类产生以来，对于智能和它的本质，哲学家和科学家们就从来没有停止过思考和探讨。目前我们对人类智能的产生机制还做不到完全了解，对于智能是什么，不同的学派都有各自的见解。虽然我们还无法给出智能的统一定义，但通过观察智能的外在表现，还是可以总结出如图 1-2 所示的四个特点。

图 1-1 Midjourney 生成的香水广告图片

图 1-2 智能的四个特点

1. 感知

感知是智能活动的前提。人类通过视觉、听觉、嗅觉等感知外界信息，然后才能通过大脑加工获取知识。目前人工智能借助深度学习技术，已在语音、图像识别等领域有了显著进展，感知能力得到大幅提升。

2. 记忆与思维

记忆与思维是智能的重要组成部分。记忆负责存储从外部感知到的信息，而思维通过比较、分析、推理等过程对记忆中的信息进行处理。人工智能研究的目标是让机器具备类似人类的思维，从而可以解决更复杂的问题。

3. 学习与自适应

学习与自适应能力使人类能够通过与环境的互动积累知识，并根据环境变化调整行为。人工智能也逐步具备这种能力，可以适应不同的外部条件。

4. 行为

如果说感知是输入，那么行为就是输出，是个体针对外部环境信号所做出的响应。同样地，人工智能系统也必须对接收到的感知数据进行适当处理，以此为基础生成相应的行为反应。

1.1.3 人工智能的定义

人工智能，顾名思义是通过人工手段模拟智能，但这一定义过于宽泛。事实上，由于人工智能还是一门新兴学科，各学派对"人工"和"智能"有不同的解释，因此目前学术界尚未形成统一的科学定义。此处仅介绍人工智能最早的定义，该定义是1956年麻省理工学院的约翰·麦卡锡在达特茅斯会议上提出的，麦卡锡认为：人工智能就是要让机器的行为看起来像是人所表现出的智能行为一样。

尽管各学派对人工智能的理解存在差异，但其核心理念一致：研究人类思维活动的规律，构建能模拟人类智能行为的机器，探索学习、延伸和扩展人类智能的方法和技术。简言之，人工智能就是通过计算机程序或者硬件来模拟人类智能，让机器可以像人类一样思考和行动。

1.1.4 人工智能的分类

按照人工智能的发展程度不同，可以划分为如图1-3所示的弱人工智能、强人工智能和超人工智能三类。

图1-3 人工智能的分类

1. 弱人工智能

弱人工智能简称ANI（artificial narrow intelligence），也有人称它为"应用型人工智能"，它是针对某一应用方向完成特定任务的人工智能。

弱人工智能并不是真正的智能，它只擅长某一方面的工作，还远远达不到人类逻辑思维的程度，更不会产生自主意识。例如AlphaGo系统，虽然它已经展现了强大的能力，让围棋世界冠军面对它都无能为力，但这种优秀却只限于围棋领域。如果你希望自动生成一篇文章，那它就完全束手无策了。同样，ChatGPT可以与我们对话，却无法替我们驾驶汽车；Midjourney可以生成图片，可是文字处理能力却非常有限。诸如此类，我们目前日常生活中接触到的，用于解决我们具体需求的人工智能应用，都属于弱人工智能。

2. 强人工智能

强人工智能简称AGI（artificial general intelligence）或者Strong AI，有人也称它为"通

用人工智能",它的概念最早是由加州大学伯克利分校的约翰·罗杰斯·希尔勒提出的。相较弱人工智能注重于专一领域,强人工智能更强调综合的应用,不管面对任何复杂的环境、任何开放型的问题,它都能找到适应和解决的方法。

强人工智能具有和人类相当的智慧水平,人类能够进行的智能活动,强人工智能全部可以做到。同时它还具备真正的推理能力,可以独立思考问题。另外,强人工智能拥有自然语言能力,能够与人进行更顺畅的交流,包括读懂人类特有的情绪,甚至更进一步,直接产生属于自己的审美与情感。

3. 超人工智能

超人工智能简称 ASI(artificial super intelligence),它也被称作"超级人工智能"。超人工智能目前还是一种假想,科学家们预言它会是一种全面超越人类智慧和能力的新型智能。

限于目前的技术发展水平,当下的研究主要还是集中在弱人工智能,科学家们在这一领域已经取得了非常可观的成就,诸如语音助手、人脸识别、道路导航、自动驾驶等弱人工智能的应用在我们身边无所不在、极为普遍。

1.1.5 人工智能的三个核心要素

数据、算法和算力是人工智能发展最基本、最核心的三个要素,如图 1-4 所示,它们彼此支撑、相互促进,只有这三个要素都保持进步和发展,人工智能才能持续不断地前进。

图 1-4 人工智能的三个核心要素

1. 数据

数据是什么?人类通过感知从外部世界获得信息,而数据就是信息的符号化描述,它可以是文字、数字、图像、音频、视频等形式。

数据是人工智能发展的基础,人工智能需要从大量数据中进行学习,例如各种 AIGC 图片生成工具,它们就是先使用海量的图片训练优化模型,然后才能生成风格各异的作品。

2. 算法

算法是解决某一个问题的具体方法和步骤,针对同一个问题可能会有多个算法,它们的优劣决定了问题处理的效率。

算法是人工智能发展的核心,它直接决定了机器智能化程度的高低。人工智能的算法有很多种类,如机器学习算法、深度学习算法、强化学习算法、进化算法等。这些算法提供了可以实现人工智能的方法与框架。

3. 算力

算力包含硬件和软件两个方面。算力硬件的核心是计算机芯片,主要类型包括 CPU(中央处理器)、GPU(图形处理器)、FPGA(现场可编程门阵列)、ASIC(专用集成电路)等。其中 GPU 是目前 AI 算力的主力,在人工智能领域中应用最广泛。除了这些传统的硬件设备以外,量子计算、光计算等新技术的研究也为算力的发展提供了更多的可能性。

算力的软件部分涵盖了算法、模型、框架、编程语言和开发工具等多个层面。算法和模型是人工智能系统的核心,它们直接决定了系统所能执行的任务范围及其执行的效率与质量。框架如 TensorFlow、PyTorch 等,则为开发者提供了有力的工具,极大简化了复杂模型的构建与训练过程,从而大幅提升了 AI 算力的应用效能。同时,编程语言和开发工具的不断优化,进一步降低了开发难度,使得更多开发者能够投身于人工智能技术的研发与应用之中。

此外,以云计算为代表的性能扩容技术也在持续进步,为人工智能应用提供了强大的计算和存储支持。图 1-5 所示为具有众多服务器的云计算中心。

图 1-5　云计算中心

1.2　人工智能的起源与发展

人工智能技术现在已经成为新一轮产业革命的重要驱动力量,在其半个多世纪的成长发展中,历经了多个快速发展的繁荣阶段,也有过低迷瓶颈的时期,整个过程可谓曲折起伏。

1.2.1　第一个发展阶段(1956—1976)

1956 年 8 月,一场为期两个月的研讨会在美国的达特茅斯学院举行,这就是大名鼎鼎的达特茅斯会议。研讨会是由约翰·麦卡锡、马文·明斯基、克劳德·香农等人组织举办的,会议探讨的内容围绕着一个主题——用机器来模拟人类智能。就是在这次会议上,麦卡锡正式确定了 artificial intelligence 这一名词,人工智能就此诞生。

达特茅斯会议为后来人工智能的前进确立了目标。这次会议之后,人工智能进入了一段蓬勃发展的日子,科学家们在这段时间的研究取得了很多突破性的成果。

然而激情退去之后,人们很快发现早期人工智能研究者的豪言壮语似乎并没有实现。由于当时计算机的性能达不到要求,以及可用于训练的数据量不够充足等因素,人工智能大多只能在实验室里解决一些简单的问题,看上去离实际应用有着遥不可及的距离。意识到这个令人失望的事实之后,各大机构立刻停止了对相关研究的资助,之后人工智能的研究陷入了很长一段时间的低迷。

1.2.2　第二个发展阶段(1976—2006)

早期人工智能受冷遇的一大理由就是实用性不足,专家系统(expert system,ES)的成功商业应用打破了这种僵局,新一轮的产业热潮开始兴起。

专家系统是基于知识的系统,它是一种可以一定程度模仿人类专家思维的程序系统。如图 1-6 所示,系统内存储着大量的某一特定领域的专家知识,借助这些知识,专家系统可以处理只有专家才能解决的复杂问题。专家系统是人工智能的一个重要分支,自从 1968 年费根鲍姆创造第一个专家系统 DENDRAL 之后,科学家们对它的研究就在持续进行着,一直到 20 世纪 70 年代中期逐渐走向成熟。

1976 年，费根鲍姆的研究小组推出另一个专家系统——MYCIN。这个专家系统通过临床知识库对患者进行诊断，并开出抗生素处方。MYCIN 还能和用户对话，当医生对诊断产生疑问时，它可以对之做出详细解释。

图 1-6　专家系统的功能

这一年斯坦福大学的杜达等人也开始研发地质勘探专家系统 PROSPECTOR，并最终在 1981 年投入实际使用。PROSPECTOR 系统取得了巨大的经济效益，1982 年它成功找到一处价值一亿美元的矿藏。

这些专家系统取得的成绩，让人们开始关注到知识对智能的重要性，在 20 世纪 80 年代，知识工程和专家系统成为人工智能研究的主要方向。这一时期涌现了诸如 XCON 等一批著名的专家系统，掀起一波应用的热潮。

但是随着研究的增多，人们也很快发现专家系统的很多缺陷，比如知识获取困难、维护费用高昂、不易升级等。此外，专家系统能解决的问题仅限于某些特定场景，实用性非常有限，于是人们对它的追捧开始慢慢消退。

1.2.3　第三个发展阶段（2006 年至今）

来到 21 世纪，随着互联网的发展，我们进入了数据爆发的时代。海量、多维度的数据为人工智能提供了"养料"，同时计算机性能的不断突破以及云计算的出现，使人工智能有了算力的支撑。2006 年，杰弗里·辛顿在《科学》杂志上提出深度学习的概念，人工智能的算法迎来了重大突破，一个新的时代来临了。

相比传统机器学习，深度学习能够构建更多层次的神经网络，因此具有更强的数据处理能力。深度学习还可以从原始数据中自动提取有用的特征，这使得它可以在没有专家指导的情况下，通过不断地调整和优化来进行自我学习，而且数据量越大，它学习的效果就越好。

这种强大的学习能力和特征提取能力，使得深度学习在一些数据量庞大的领域表现优越，比如图像识别、语音识别、自然语言处理和机器翻译等。如今爆火的 ChatGPT 以及各种图像生成、视频生成大模型都是在深度学习的基础上发展而来。图 1-7 所示为视频生成大模型 Sora 样片中的画面。

毫无疑问，未来人工智能将继续突飞猛进，带给我们更多的惊喜。尽管在此过程中可能还会遇到挑战或暂时停滞，但人类探索人工智能的步伐不会停止。

图 1-7　Sora 样片中的画面

1.3 学习人工智能的意义

现如今,人工智能蓬勃发展,正在成为推动经济建设和社会进步的重要力量,同时也催生了对 AI 人才的大量需求。作为新时代的大学生,为了更好地应对未来社会的挑战,掌握人工智能的基本原理和应用已成为迫在眉睫的任务。

1. 推动科技进步

人工智能是现代科技的核心驱动力之一,它被广泛应用于自动驾驶、智能医疗、无人机、语音识别、图像识别等领域。掌握人工智能技术,能够为科技创新注入新的活力,推动更多领域的突破。

2. 提升职业竞争力

随着人工智能技术的普及,全球各行业对 AI 人才的需求日益增加。学习人工智能可以帮助个人在职场中获得竞争优势,开拓高薪且前景广阔的职业发展机会。

3. 有助于解决复杂问题

人工智能具有处理大数据、复杂决策和智能预测的能力,能够帮助人类解决传统方法难以解决的复杂问题。学习人工智能,有助于掌握这些工具,从而在各类项目中提高效率和优化成果。

4. 推动产业转型与创新

人工智能在制造、金融、医疗、农业等传统行业中,正引领智能化转型,推动整个产业的变革与创新。如图 1-8 所示,从汽车制造到电子产品组装,人工智能的应用极大地提高了效率和精确度。学习 AI 可以帮助从业者把握行业的最新动向,助力企业保持竞争优势。

图 1-8　无人车间里的机器人装配线

5. 顺应社会发展的必然趋势

随着人工智能技术逐渐渗透到各个生活领域,未来的社会将会更多依赖智能化服务和自动化系统。学习人工智能不仅是适应这一趋势的必要手段,更是参与构建未来智能社会的重要途径。

6. 助力艺术设计类学生的专业发展

人工智能正推动艺术设计的变革,它减少了重复性工作,使创作更加高效。如今,AIGC 工具已达到初级设计师的水平,结合 AI 进行创作成为热门趋势。学习人工智能可以提升设计创新能力,帮助设计师更好地运用 AI 工具创作出富有创意的作品。

1.4 人工智能的主要分支

人工智能是一个广阔而复杂的领域,里面包含非常多的分支,它们每一个都有各自的应用方向,但彼此之间又互有交叉,紧密联系在一起。在本节中,将选择其中几个主要分支进行介绍，希望通过对它们的学习，大家能更全面地认识和理解人工智能这门复杂的学科。

1.4.1 机器学习

机器学习是人工智能领域的一个关键分支，它赋予了计算机从数据中学习和改进的能力，目前备受瞩目的深度学习技术，实际上就是机器学习的一个子集。如图1-9所示，机器学习的核心在于利用大量数据训练模型，随后运用这些训练好的模型来处理新的数据，进而做出准确的预测或决策。简而言之，机器学习是要模拟人脑的学习过程，让计算机能够像人一样从经验中汲取知识，不断优化自身的算法和模型，以适应各种复杂环境与任务。它是计算机拥有智能的基础，是人工智能得以实现的重要技术手段之一。

图1-9 机器学习的流程

1.4.2 神经网络

神经网络是人工神经网络（artificial neural network，ANN）的简称，它是一种模拟人类大脑工作方式的计算模型。我们知道，人脑是由数以亿计的神经元连接而成的。神经网络与此类似，它包含众多相互连接的神经元。每个神经元都是一个独立的处理单元，它们接收别的神经元传过来的信号，经过特定的计算处理之后，再把结果传递给其他与之相连的神经元。通过大量神经元的协同合作，神经网络就可以完成复杂的工作任务。

神经网络中的神经元一般都分布在输入层、隐藏层和输出层上。如图1-10所示，输入层负责接收来自外部的数据，然后传递给隐藏层。隐藏层是神经网络中的关键部分，承担着处理输入数据并提取特征的重要任务。经过一个或多个隐藏层的加工之后，数据最终被传递到输出层上生成结果。各层神经元之间的连接都有一个权值，神经网络训练的过程就是通过

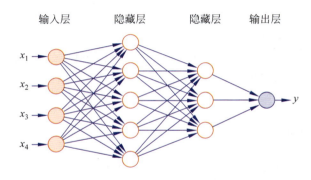

图1-10 一个典型的多层前馈神经网络

学习算法不断调整和优化这些连接权值，目标是使输出结果与预期结果尽可能接近。

1.4.3 机器人技术

机器人技术也属于人工智能的一个重要分支，它是一门跨领域的综合性技术，涵盖了机器人的机械结构、电气系统和控制系统等多方面的技术。如图 1-11 所示，机械结构就好比是身体，塑造了机器人的外观形态和运动方式；电气系统是心脏，为机器人提供源源不断的动力支持；而真正让机器人充满"智慧"的还是控制系统，它相当于大脑，从外部接收信息，并指挥机器人执行各种操作。

1.4.4 专家系统

专家系统用于处理只有专家才能解决的复杂问题。如图 1-12 所示，专家系统的结构一般包括六个组成部分：人机交互界面、知识库、推理机、解释器、综合数据库和知识获取。其中最关键的就属知识库和推理机了，它们是专家系统的核心。

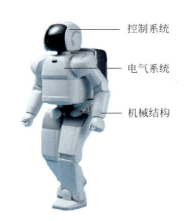

图 1-11 机器人技术涵盖了控制系统、电气系统和机械结构等多个方面

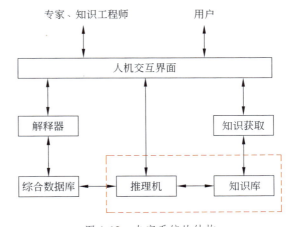

图 1-12 专家系统的结构

知识库里存储着众多针对某个领域的专家知识，它们由知识库管理系统负责组织与维护。当有问题需要解决时，知识库管理系统能够迅速从中检索到相关知识，为后续的推理提供依据。

推理机是专家系统的执行机构。它接收用户输入的问题和相关数据，然后比对知识库中的知识进行推理与判断，经过一系列缜密的分析和逻辑运算后，最终为用户生成准确可靠的答案或建议。

除了知识库和推理机外，其他几个部分也都各有其对应的职责，它们共同支撑着专家系统的运行。其中知识获取是一个重要环节，它承担着从各种渠道获得知识的任务。解释器则是负责对系统的工作过程和输出结果进行说明，以帮助用户更深入地理解决策背后的逻辑。而人机交互界面是用户与专家系统沟通的桥梁，所有的输入输出工作都要通过它来完成。至于输入的数据，以及推理过程中产生的各种结果，最终都将被送到综合数据库中保存，以供系统调用。

专家系统的应用领域很广，自20世纪80年代开始，它就在很多行业实现了大规模商业化应用。随着时间的推移，专家系统的性能也持续增强，特别是与深度学习等新兴人工智能技术的融合，更是进一步提升了它的智能化水平，为其未来的发展开辟了更广阔的空间。

1.4.5 计算机视觉

计算机视觉又被称为机器视觉，是一门研究如何让计算机等设备"看世界"的学科。借助神经网络和深度学习等技术，计算机视觉可以对捕捉到的图像和视频进行深入分析，并从中提取出有价值的信息，从而实现对人类视觉能力的模仿及扩展。

由于视觉是人类获取信息的主要渠道，所以计算机视觉自然也就成为人工智能的一个热门分支。如图1-13所示，计算机视觉主要应用于图像分类与识别、目标跟踪、虚拟现实与增强现实，以及图像生成等领域。从智能手机的面部解锁，到自动驾驶汽车的障碍物识别，再到各种复杂的工业自动化操作，计算机视觉都在其中发挥着重要的作用。

图1-13 计算机视觉的主流应用方向

1.4.6 自然语言处理

自人工智能问世以来，自然语言处理就始终是其重要研究领域之一，肩负着打破人机沟通障碍、实现无缝交流的任务。正是有了它的加持，计算机才能够理解、生成人类的语言，以更智能化的方式为我们提供服务。

经过数十年的发展，自然语言处理技术如今已经与我们的生活紧密相连，成为现代信息社会不可或缺的一部分，它的主要应用有聊天机器人、文本挖掘与分类、语音识别与合成、机器翻译等。

1.5 小结

本章介绍了人工智能的概念、发展历史、主要应用场景，以及各大研究方向。希望通过对它们的讲述，能够让大家全面了解人工智能的世界，为后面更深入地探索打好基础。学习人工智能的意义深远且广泛，它不仅关乎个人技能的提升以及职业发展的规划，还能够帮助我们更好地理解这个快速变化的世界，并为社会进步贡献出最大的力量。

自20世纪50年代以来，人工智能历经了半个多世纪的发展，虽然几经波折，但始终没有停止前进的脚步。如今，它已经被广泛应用到工业生产、艺术创作、图像处理、生物特征识别等各个领域，成为我们生活中不可或缺的角色。然而，我们在享受人工智能便利的同时，也应对其带来的风险保持警惕。为了更好地驾驭这个神奇的智能工具，我们必须深入探讨其背后的基本原理及核心技术，这样才能更加游刃有余地应对未来的挑战与机遇。

习题

1. 人工智能最早是由谁在哪次会议上提出的？
2. 人工智能的三个核心要素是什么？
3. 简述人工智能的分类。
4. 什么是目前人工智能领域应用最广泛的芯片？
5. 简述专家系统的组成部分，以及各部分的功能。
6. 人工智能的分支主要有哪些？
7. 神经网络隐藏层的作用是什么？
8. 简述计算机视觉的主要应用方向。

第 2 章

人工智能编程基础

本章详细介绍了人工智能开发中常用的编程语言与工具,主要以 Python 为核心展开。主要内容包括:
- Python 的基础知识与安装配置;
- Python 语言的核心语法与数据结构;
- Python 常用的模块和库,以及面向对象编程基础;
- 通过案例掌握 Python 在人工智能中的实际应用。

本章旨在帮助读者掌握人工智能开发中最基础的编程工具,为后续学习机器学习和深度学习打好编程基础。

2.1 Python 在人工智能编程中的优势

2.1.1 Python 简介

Python 是一种广受欢迎的高级编程语言,由荷兰计算机科学家吉多·范罗苏姆(Guido van Rossum)所创造(图 2-1)。它因其简练的语法和出色的通用性而声名远扬。

Python 的发展始终紧跟计算机科学和软件工程的最新趋势,同时保持着简洁、明了和直观的核心理念。Python 的标准

图 2-1 吉多·范·罗苏姆

库配备了丰富多样的模块和包，这些工具能够应对各种任务挑战，如网络编程、数据库交互、图形用户界面开发，以及更为复杂的科学计算和数据分析工作。从网络开发到数据科学、机器学习，再到自动化脚本和科学计算，Python 的身影无处不在。随着人工智能和机器学习的兴起，Python 的相关库和框架（如 TensorFlow、PyTorch 和 scikit-learn）已成为这些领域的标配工具，进一步夯实了 Python 在编程语言界的领先地位。

2.1.2 Python 的应用领域

以下是 Python 在各个领域的应用以及相关工具的简介。

1. Web 开发

（1）框架：如 Django 这样的全栈式框架、轻量级的 Flask 框架，以及灵活性高的 Pyramid 框架。

（2）ORM 工具：如 SQLAlchemy 提供数据库抽象层，Django 自带的 ORM 也颇受欢迎。

（3）模板引擎：如用于创建页面模板的 Jinja2 和 Django Templates。

（4）数据交互库：如 Requests 用于处理 HTTP 请求，而 BeautifulSoup 则用于 HTML 和 XML 解析。

2. 数据科学

（1）数据处理库：如 Pandas 用于数据分析，NumPy 用于数值计算。

（2）数据可视化工具：包括 Matplotlib 绘图库、基于 Matplotlib 的高级接口 Seaborn，以及可创建交互式图表的 Plotly。

（3）科学计算库：如 SciPy 提供科学计算功能。

3. 人工智能与机器学习

（1）机器学习框架：如 scikit-learn 提供简单有效的数据挖掘和数据分析工具。

（2）深度学习框架：如 TensorFlow、Keras 和 PyTorch 分别由 Google 与 Meta 开发，是深度学习领域的佼佼者。

此外，Python 还在自然语言处理、脚本编写与自动化、桌面应用开发、测试、网络编程、游戏开发，以及金融、物联网领域等多个方面发挥着重要作用。

2.1.3 Python 的核心优势

1. 简洁易读的语法

Python 以其简洁明了的语法而闻名。对于人工智能开发者来说，这意味着可以更快速地编写和理解代码。与其他编程语言相比，Python 代码通常更短，更易于阅读和维护。例如，用 Python 实现一个简单的机器学习算法可能只需要几行代码，而在其他语言中可能需要更多的代码和复杂的语法结构。这种简洁性使得开发者能够更专注于算法的设计和实现，而不是被烦琐的语法所困扰，使新手更容易上手，同时提高了团队协作时的开发效率。

2. 丰富的库和工具

Python 拥有庞大而活跃的开源社区，为人工智能编程提供了丰富的库和工具。其中一些著名的库如下。

- NumPy：用于高效的数值计算，提供了多维数组和矩阵运算的支持。
- Pandas：用于数据处理和分析，提供了数据结构和数据分析工具。
- scikit-learn：一个强大的机器学习库，提供了各种机器学习算法和工具。
- TensorFlow 和 PyTorch：用于深度学习的框架，提供了高效的计算和模型构建功能。

这些库和工具使得开发者可以快速地实现各种人工智能算法，而无须从头开始编写所有的代码。此外，开源社区的不断更新和改进也确保了这些库和工具的质量和性能。

3. 跨平台性

Python 是一种跨平台的语言，可以在不同的操作系统上运行，包括 Windows、Linux 和 macOS。这使得开发者可以在不同的平台上开发和部署人工智能应用，而无须担心平台兼容性问题。此外，Python 还可以与其他语言进行交互，使得开发者可以利用其他语言的优势来实现特定的功能。

4. 易于集成

Python 可以很容易地与其他技术和工具进行集成。例如，它可以与数据库、Web 框架和可视化工具等进行集成，为人工智能应用提供更强大的功能。

5. 强大的社区支持

Python 拥有庞大而活跃的社区，开发者可以在社区中获得丰富的资源和支持。社区成员经常分享他们的经验、代码和解决方案，使得开发者可以更快地解决问题和学习新的技术。此外，社区还组织各种活动和会议，为开发者提供了交流和学习的机会。

总之，Python 在人工智能编程中具有简洁易读的语法、丰富的库和工具、跨平台性、易于集成和强大的社区支持等优势。这些优势使得 Python 成为人工智能开发者的首选语言。

2.2 Python 的安装及环境配置

2.2.1 Python 的下载和安装

1. 下载安装包

登录 Python 官方网站，根据自己计算机操作系统类型下载对应版本，这里选择的是 Windows 版本的 Python 3.12.1，如图 2-2 所示。

2. 安装 Python

（1）双击安装文件，即可运行安装程序。在此步骤中，选中 Add python.exe to PATH 复选框，可将 Python 添加到系统环境变量中，否则，需要手动添加到环境变量中。然后单击 Customize installation 进行自定义安装，如图 2-3 所示。

图 2-2　下载安装包

图 2-3　Python 安装界面

（2）在设置可选项参数时，默认全部选中即可，如图 2-4 所示，单击 Next 按钮进入下一步。

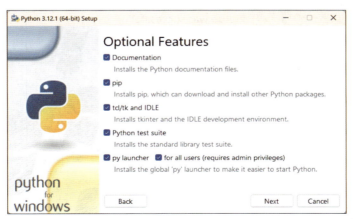

图 2-4　安装选项界面

（3）弹出选择安装路径界面，这里将其安装到 D:\python 目录下，其他选择保留默认设置，如图 2-5 所示。

图 2-5　自定义安装路径

（4）单击 Install 按钮进行安装，如图 2-6 所示。

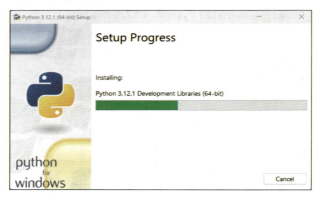

图 2-6　安装进行中

（5）安装完成后，会弹出提示安装成功的界面，如图 2-7 所示，单击 Close 按钮。

图 2-7　安装成功界面

3. 验证 Python 安装

打开"命令提示符"（可以通过在搜索栏输入 cmd 并按下 Enter 键打开）。

在命令行中输入 python --version，然后按 Enter 键。如果安装成功，则显示已安装的 Python 版本号，如图 2-8 所示。

图 2-8　显示 Python 的版本号

4. 测试 Python 安装

在命令行中键入 python 来启动 Python 解释器。

尝试执行一个简单的语句，如打印一个字符串。输入 print("Hello, world!") 然后按 Enter 键，会显示如图 2-9 所示的界面。接下来可以使用 Python 进行编程学习和开发。

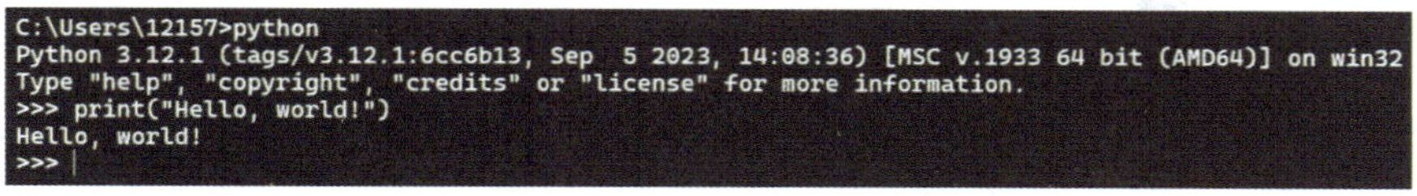

图 2-9　测试 Python

2.2.2　PyCharm 的下载和安装

PyCharm 是由 JetBrains 公司开发的一个强大的 Python 集成开发环境（integrated development environment，IDE）。它提供了代码编写、调试、语法高亮、Project 管理、代码跳转、智能提示、版本控制等多种功能，以及用于 Web 开发的框架支持。PyCharm 拥有两个版本：Professional（专业版）和 Community（社区版）。社区版是免费的，足以满足 Python 开发的大多数需求，而专业版则提供了更多的功能和框架支持。

以 Windows 为例，分步讲解如何安装 PyCharm。

1. 选择 PyCharm 版本

访问 PyCharm 官方网站，如图 2-10 所示。根据需要选择 Professional 或 Community 版本。对于初学者，通常建议初学时使用 Community 版本。

2. 下载 PyCharm 安装程序

单击所选版本旁边的 DOWNLOAD 按钮，开始下载安装程序。

3. 运行安装程序

（1）下载完成后，双击下载的文件，进入 PyCharm 安装界面，如图 2-11 所示。

（2）在安装向导中，单击 Next 按钮来选择安装目录，或者保留默认设置。选择需要的安装选项，单击 Next 按钮开始安装，如图 2-12 所示。

（3）安装过程可能需要几分钟时间。完成后，如图 2-13 所示，单击 Finish 按钮退出安装向导。

图 2-10　PyCharm 官方网站

图 2-11　运行安装程序

图 2-12　正在安装界面

图 2-13　安装完成

2.3　Python 语言基础

2.3.1　Python 基本语法

1. 注释

在 Python 中，注释是用于解释代码的文本，不会被执行。它们对于编写可读和易维护的代码非常重要。Python 提供了两种类型的注释方式：单行注释和多行注释。

1）单行注释

单行注释以井号（#）开始，并持续到行的末尾。Python 解释器会忽略这部分，不执行任何与注释相关的内容。

2）多行注释

多行注释可以使用三个单引号（''' '''）或者 3 个双引号（""" """），并将注释内容放在引号之内，这种方式在 Python 中用于跨多行的文本，解释器同样会忽略这些部分。

例如：

```python
# 这是一个单行注释，下面将定义一个变量
number = 15  # 再次使用单行注释说明变量的用途
'''
这是一个多行注释的例子
用于详细解释即将进行的操作
这些行都将被 Python 解释器忽略
'''
print("The double of the number is:", number * 2)  # 计算并打印结果
```

输出：

```
The double of the number is: 30
```

说明：在 Python 中，print() 函数是最常用的内置函数之一，用于输出信息。

2. 缩进

在 Python 中，缩进非常关键，因为它用来定义代码块的开始和结束，相同缩进的语句属于同一个代码块。正确的缩进是 Python 程序正确运行的关键，如果缩进不正确，Python 解释器会抛出异常，导致程序无法执行。需要说明的是，缩进可以使用空格或者 Tab 键实现。

例如：

```python
number = -5
# 使用 if 语句判断 number 的值
if number > 0:
    print("Positive number")          # 缩进的代码块，只有在 number 大于 0 时才执行
else:
    print("Non-positive number")  # 缩进的代码块，只有在 number 不大于 0 时才执行
```

输出：

```
Non-positive number
```

说明：因在程序中经常使用基本的 if 语句，故在此加以说明，详细的使用方法会在以后的内容中加以介绍。

if 语句常与 else 一起使用，语法如下：

```
if 条件表达式：
    # 条件表达式为 True 时执行的代码块
else:
    # 上述条件表达式为 False 时执行的代码块
```

if 语句用于进行条件判断，它根据提供的条件表达式的布尔值（True 或 False）来决定是否执行特定的代码块。如果条件表达式的结果是 True，那么 Python 将执行 if 语句下的缩进代码块；如果结果是 False，那么 Python 将跳过这部分代码执行 else 语句下的缩进代码块。

3. 赋值语句

在 Python 中，不区分变量的定义和赋值。因此，第一次对变量进行赋值操作就是定义此变量。例如：

```
x = 8
```

在 Python 中，这是一条赋值语句。意思是把整型字面量 8 赋值给 x，同时定义变量 x。"="在这里不是一个运算符，而是一个分隔符。作用是将"="右侧表达式的值赋值给"="左侧的变量。再如：

```
pi = 3.14159
name = "Alice"
is_student = True
```

4. 常用函数

1）input 函数

input 函数是 Python 中的一个内置函数，它用于从用户处接收输入。input 函数的语法为

```
input(prompt=None)
```

其中，prompt 参数是一个可选的字符串，表示在用户输入之前显示的提示信息。如果没有指定 prompt 参数，则 input 函数不会显示任何提示信息。

input 函数会暂停程序的执行，直到用户在终端输入了一些文本，并按下 Enter 键。

```
# 使用 input 函数获取用户的姓名，并打印问候语
name = input("请输入你的姓名：")
print( name )
```

输出：

```
请输入你的姓名：张三
张三
```

2）print 函数

print 函数是 Python 中最常用的函数之一，它可以将指定的内容输出到屏幕或其他标

准输出设备上。print 函数的语法如下，其中，各参数的含义如表 2-1 所示。

```
print(objects, sep=' ', end='\n', file=sys.stdout, flush=False)
```

表 2-1　print 函数中各参数的含义

参数	含　　义
objects	可以是任意数量的对象，可以是一个或多个，用逗号分隔，程序将按照给定的顺序被转换成字符串然后输出
sep	是对象之间的分隔符，如果不指定分隔符，则默认情况下是一个空格
end	指定了打印结束后附加的字符串，默认为换行符（\n）；这意味着默认情况下，每次调用 print 函数之后，下一个输出将会从新的一行开始
file	定义了输出流，通常是标准输出（sys.stdout），但也可以是文件对象或任何实现了 write() 方法的对象
flush	指定输出是否应该被强制刷新，默认为 False

下面是一些 print 函数的使用示例：

```
print("Hello, world!")            # 输出一条简单的消息
print("The answer is", 42)        # 输出多个对象，用逗号分隔
print("Python", "is", "fun", sep="")  # 输出多个对象，用指定的分隔符
print("This is the first line". end=".")  # 输出多个对象，用指定的结束符
print("This is the second line.")
```

输出：

```
Hello, world!
The answer is 42
Python is fun
This is the first line.
This is the second line.
```

2.3.2　关键字与标识符

1. 关键字

关键字是 Python 语言中已经被赋予特定含义的单词，它们用于标识特定的语法结构和操作，不能用作变量名、函数名或其他标识符。关键字可以用来编写条件语句、循环语句、异常处理、函数定义、类定义等结构。Python 中的关键字如表 2-2 所示。

表 2-2　Python 中的关键字

关键字	含　　义
and	逻辑与运算符，返回两个操作数的布尔值的与运算结果
as	创建别名，用于导入模块或 with 语句中
assert	用于调试，检查一个条件是否为真，如果为假则抛出 AssertionError 异常
break	跳出循环，结束当前循环的执行
class	定义类，创建自定义的数据类型

续表

关键字	含 义
continue	跳过本次循环,继续执行下一次循环
def	定义函数,创建可重用的代码块
del	删除对象,释放对象占用的内存空间
elif	在条件语句中使用,等同于 else if,表示另一种条件
else	在条件语句中使用,表示其他情况
except	在异常处理中使用,表示捕获异常的操作
False	布尔值,表示假,与 True 相反
finally	在异常处理中使用,表示无论是否发生异常都要执行的操作
for	创建 for 循环,遍历一个序列或迭代器的元素
from	用于导入模块,表示从一个模块中导入特定的部分
global	声明全局变量,表示在函数内部可以修改全局变量的值
if	条件语句,表示如果满足某个条件就执行相应的操作
import	用于导入模块,表示引入一个模块的所有内容
in	判断一个值是否在一个序列或集合中,返回布尔值
is	判断两个对象是否是同一个对象,返回布尔值
lambda	创建匿名函数,表示一个简单的单行函数
None	表示空值,表示没有任何值,是 NoneType 类型的唯一对象
nonlocal	声明非局部变量,表示在嵌套函数中可以修改外部函数的变量的值
not	逻辑非运算符,返回一个布尔值的取反结果
True	布尔值,表示真,与 False 相反
try	创建异常处理,表示尝试执行一段可能发生异常的代码
while	创建 while 循环,表示当满足某个条件就重复执行一段代码
with	表示使用一个上下文管理器对象,自动执行初始化和清理操作
yield	结束函数的执行,并返回一个生成器,表示可以从函数中依次返回多个值
async	是一个用于定义协程函数的关键字,协程是一种特殊的函数,可以在执行过程中暂停和恢复,从而实现异步编程;协程可以提高程序的并发性能,避免阻塞和等待
await	是一个用于等待可等待对象的关键字,可等待对象是指可以在异步编程中暂停和恢复执行的对象,比如协程、任务和 Future

说明:Python 中所有关键字是区分字母大小写的。例如,if 是关键字,但是 IF 就不属于关键字。可以使用 keyword 模块来查看 Python 中的关键字,例如:

```
import keyword
print(keyword.kwlist)    # 打印所有关键字的列表
```

2. 标识符

在 Python 中,标识符是用于标识变量、函数、类、模块或其他对象的名称。标识符的命名要符合规则和约定。

(1)标识符可以包含字母、数字和下画线(_),标识符的第一个字符不能是数字。

(2)标识符不能使用 Python 的关键字作为名称。例如,关键字 if 是保留的,不能用作标识符。

(3) Python 是区分大小写的，因此 myname 和 MyName 是不同的标识符。

(4) 标识符可以是任意长度，但通常建议使用具有描述性的名称，以提高代码的可读性。

(5) 标识符的命名约定通常遵循下面的约定：使用小写字母和下画线来表示普通变量或函数名（如 my_variable）；使用首字母大写的驼峰命名法来表示类名（如 MyClass）；使用全部大写字母和下画线来表示常量（如 MAX_SIZE）。

(6) 标识符应该具有描述性，以便提高代码的可读性和可理解性。

以下是一些有效的 Python 标识符示例：my_variable、total_sum、MyClass、PI。

以下是一些不合法的 Python 标识符示例：3blindmice（不能以数字开头）；user-name（不能包含连字符或减号）；class（不能使用 Python 的保留关键字）。

标识符是程序员定义的用于标识程序中变量、类、函数等对象的名称。合理使用标识符不仅可以使代码更具可读性，而且遵守命名规则和习惯可以让代码更加标准化，减少错误，并且增强代码的通用性。

2.3.3 常量与变量

1. 常量

常量是一种在程序执行期间其值不应该改变的变量。在 Python 中，没有内置的常量类型，常量通常是通过命名约定来表示的，即常量名全部使用大写字母。

常量分为数值常量、字符型常量、日期常量、时间常量等。不同的常量，输出格式不同。数值常量输出格式为 print(数值)；字符常量输出格式为 print(" 字符 ")。

例如：

```
print(3)
print("345abc")
```

输出：

```
3
345abc
```

2. 变量

变量是可以改变的值，它们用于存储信息，这些信息在程序运行期间可以被修改。在 Python 中，变量不需要声明类型，可以直接赋值。

例如：

```
# 定义一个常量，约定常量名全部大写
PI = 3.14159                        # 圆周率的近似值，通常不改变
# 定义两个变量
radius = 5                          # 圆的半径
area = 0                            # 圆的面积，初始化为 0
# 计算圆的面积
area = PI * radius * radius         # 使用圆周率和半径的平方来计算面积
```

```
# 输出圆的面积
print("The area of the circle with radius", radius, "is:", area)
# 打印计算结果
```

输出:

```
The area of the circle with radius 5 is: 78.53975
```

可以为多个变量赋值。
例如:

```
a = b = c =6
print(a,b,c)
```

输出:

```
6 6 6
```

2.3.4 算术运算符

在 Python 中，可以使用算术表达式执行加法、减法、乘法、除法和其他各种计算。

1. 二元运算符

表 2-3 是 Python 中一些常见的二元运算符。

表 2-3 二元运算符

符 号	含 义
+	加法运算符，用于将两个操作数相加
-	减法运算符，用于从第一个操作数中减去第二个操作数
*	乘法运算符，用于将两个操作数相乘得到乘积
/	除法运算符，用于将第一个操作数除以第二个操作数得到商；结果为浮点数
//	整除运算符，用于将第一个操作数除以第二个操作数得到商的整数部分
%	求余运算符，用于返回第一个操作数除以第二个操作数的余数
**	幂运算符，用于将第一个操作数的值提升到第二个操作数的幂

例如：

```
>>> 5+3
8
>>> 5*3
15
>>> 5/3
1.6666666666666667
>>> 5//3
1
>>> 5 % 3
2
```

2. 复合赋值运算符

除了上面所述的二元运算符，在 Python 中还有复合赋值运算符，允许在赋值的同时进行运算，这样可以减少二元运算符代码的书写量，同时使代码更加简洁易读。Python 支持多种复合赋值运算符，包括加法、减法、乘法、除法、取余等，如表 2-4 所示。

表 2-4 复合赋值运算符

符 号	示 例	含 义	等价于
+=	x+=8	将变量 x 的值增加 8	x=x+8
-=	x-=8	将变量 x 的值减去 8	x=x-8
*=	x*=8	将变量 x 的值乘以 8	x=x*8
/=	x/=8	将变量 x 的值除以 8	x=x/8
%=	x%=8	将变量 x 的值取余 8	x=x%8
**=	x**=8	将变量 x 的值取 8 次幂	x=x**8

2.3.5 比较运算符

在 Python 中，可以使用关系表达式来判断两个值之间的关系，并返回布尔值（True 或 False）。关系表达式使用比较运算符来比较操作数的值。表 2-5 是 Python 中一些常见的比较运算符及其含义。

表 2-5 比较运算符及其含义

比较运算符	含 义
==	等于运算符，用于检查两个操作数的值是否相等
!=	不等于运算符，用于检查两个操作数的值是否不相等
<	小于运算符，用于检查第一个操作数是否小于第二个操作数
>	大于运算符，用于检查第一个操作数是否大于第二个操作数
<=	小于或等于运算符，用于检查第一个操作数是否小于或等于第二个操作数
>=	大于或等于运算符，用于检查第一个操作数是否大于或等于第二个操作数

例如：

```
>>> 5==3
False
>>> 5!=3
True
>>> 5<3
False
>>> 3<=3
True
>>> 5>=3
True
```

2.4 数据类型与转换

客观事物多种多样，度量它们的值也存在不同类型。例如，一个人的年龄是整数，而体重就是浮点数（以千克为单位）。Python 的基本数据类型包括：数值类型，如整型（int）、浮点型（float）、复数(complex)；字符串（str）；布尔值（bool）；组合数据类型，如列表（list）、元组（tuple）、字典（dict）和集合（set）等。每种类型都有其特定的性质和适用的操作。

2.4.1 数值

数值类型（number）用于存储一个数值，定义之后不可改变，这意味着如果改变它的值，将重新分配内存空间。Python 的数值类型分为整型、浮点型、复数。使用 Python 内置函数 type( ) 可以获取对应的类型。例如：

```
>>> type(8)
<class 'int'>
>>> type(5.2)
<class 'float'>
>>> type(2+3j)
<class 'complex'>
```

2.4.2 字符串

字符串是指用引号括起来的一串字符，可以用单引号、双引号或三引号定义字符串。例如：

```
>>> 'hello'
'hello'
>>> type('hello')
<class 'str'>
>>>"hello world"
'hello world'
>>> type("hello world")
<class 'str'>
>>> text = '''
This is a multi-line string.
It can contain multiple lines of text.
'''
>>> type(text)
<class 'str'>
```

1. 字符串的索引

字符串的每个字符都有一个索引。左侧第一个字符索引是 0，向右依次递增；右侧最后一个字符索引是 -1，向左依次递减。例如：

```
>>> s = "beautiful"
>>> s[0]
'b'
>>> s[-1]
'l'
```

2. 字符串的切片

切片操作允许获取字符串的一部分。例如：

```
>>> s = "beautiful"
>>> s[1:3]
'ea'
>>> s[:3]
'bea'
>>> s[-3:]
'ful'
>>> s[3:]
'utiful'
>>> s[:-3]
'beauti'
```

3. 转义字符

在 Python 编程语言中，转义字符用来表示那些在字符串中无法直接表达的字符，例如换行符、制表符或特殊符号。转义字符通过反斜杠（\）后跟一个或多个字符表示。表 2-6 是一些常见的转义字符及其含义。

表 2-6　常见的转义字符及其含义

转义字符	含　　义
\n	换行符，用于在文本中创建一个新行
\t	水平制表符，用于在文本中创建一个制表位，通常用于对齐文本
\\	反斜杠，当需要在文本中包含反斜杠字符时使用
\"	双引号，当字符串本身包含双引号时使用，确保双引号在字符串中被正确解析
\'	单引号，用于在单引号包裹的字符串中插入单引号字符
\r	回车符，将光标移动到行的开头，不会创建新行
\b	退格符，用于移除前一个字符
\f	换页符，用于在文本打印中移动到下一个页面，但在现代文档编辑软件中很少使用
\0xx	八进制值 xx 表示的字符
\xhh	十六进制值 hh 表示的字符
\uhhhh	Unicode 字符，其中 hhhh 是四位十六进制数

4. 字符串格式化

字符串格式化是 Python 编程中一个重要且常用的功能，它允许我们将变量插入字符串中，从而生成更具可读性和动态性的文本。Python 支持多种字符串格式化方法，包括传统的 % 操作符、format 方法和新的 f-string 格式化方法。

百分号（%）格式化是一种传统且仍被广泛使用的字符串格式化方法。它的基本语法如下：

```
# 使用 %s 格式化字符串
name = "Jack"
age = 30
formatted_string = "姓名：%s，年龄：%d" % (name, age)
print(formatted_string)
```

输出：

```
姓名：Jack，年龄：30
```

在这个例子中，%s 和 %d 分别表示字符串和整数占位符，它们会被后面的变量 name 和 age 所替换。

str.format() 方法是 Python 3 中引入的一种较为现代的字符串格式化方法。它使用花括号（{}）作为占位符，并提供了更多的功能和可读性。例如：

```
# 使用 .format()方法格式化字符串
name = "Bob"
age = 25
formatted_string = "姓名：{}，年龄：{}".format(name, age)
print(formatted_string)
```

输出：

```
姓名：Bob，年龄：25
```

也可以在花括号内指定位置参数，以便灵活地控制变量的顺序：

```
formatted_string = "年龄：{1}，姓名：{0}".format(name, age)
print(formatted_string)
```

输出：

```
年龄：25，姓名：Bob
```

f-string 是 Python 3.6 引入的一种更简洁和高效的字符串格式化方法。在字符串前加上字母 f 或 F，然后在花括号内直接引用变量名即可。

```
name = "Jack"
age = 35
formatted_string = f"姓名：{name}，年龄：{age}"
print(formatted_string)
```

输出：

```
姓名：Jack，年龄：35
```

f-string 不仅提高了代码的可读性，还允许在花括号内进行表达式运算：

```
width = 10
```

```
height = 5
area = f"矩形面积：{width * height}"
print(area)
```

输出：

```
矩形面积：50
```

5. 字符串的常用方法

Python 提供了许多内置的字符串常用方法，用于执行各种操作。

1）len(str)

```
>>> len("hello")    # 返回字符串长度
5
```

2）replace(old, new[, count])

返回字符串的副本，其中出现的所有字符串 old 都将被替换为 new。如果给出可选参数 count，则只替换 count 次。例如：

```
>>> txt = "I like bananas"
>>> txt.replace("bananas", "apples")
'I like apples'
```

2.4.3 布尔值

布尔值表示逻辑值，只有两个取值：True 或 False（首字母必须大写），也可以通过布尔运算和关系运算计算而来。例如：

```
>>> True
True
>>> 3>7
False
>>> type(True)
<class 'bool'>
>>> type(False)
<class 'bool'>
```

2.4.4 列表

列表：用方括号表示的一系列值，值之间用逗号分隔。例如，[1, 2, 3] 是一个整数列表显示，["apple", "banana", "orange"] 是一个字符串列表显示。又如：

```
>>> [1,2,3]
[1, 2, 3]
>>> type([1,2,3])
<class 'list'>
```

```
>>> type(["apple", "banana", "orange"])
<class 'list' >
```

列表是一个有序的数据集合。列表可以包含不同类型的元素，包括数字、字符串，甚至是其他列表。列表是可变的，因此可以在创建列表之后添加、删除或更改其元素。

1. 创建列表

列表可以通过方括号来创建，元素之间用逗号分隔。例如：

```
numbers = [1, 2, 3, 4, 5]
fruits = ["apple", "banana", "cherry"]
mixed = [1, "Hello", 3.14, [2, 4, 6]]
```

也可以使用 list() 创建一个空列表：

```
>>> a=list()
>>> a
[]
```

2. 访问列表元素

可以通过索引访问列表中的元素。列表索引从 0 开始，所以 0 是第一个元素的索引，1 是第二个元素的索引，以此类推。

```
print(fruits[0])   # 输出：apple
print(fruits[1])   # 输出：banana
```

与字符串相同，负数索引可以用来从列表的末尾开始访问元素，-1 是最后一个元素的索引。

```
print(fruits[-1])  # 输出：cherry
```

3. 列表切片

切片操作允许我们获取列表的一部分。切片通过指定两个索引来实现，格式为 [start:end]，其中 start 是切片的起始索引，end 是切片结束的索引（不包括）。

```
print(numbers[1:4])  # 输出：[2, 3]
```

4. 修改列表元素

列表是可变的，因此可以更改其内容：

```
fruits[1] = "blueberry"
print(fruits)    # 输出：["apple", "blueberry", "cherry"]
```

5. 添加元素

可以使用 append() 方法向列表末尾添加一个元素，使用 insert() 方法在指定位置添加元素。

```
fruits.append("orange")
```

```
print(fruits) # 输出: ["apple", "blueberry", "cherry", "orange"]
fruits.insert(1, "banana" )
print(fruits) # 输出: ["apple", "banana", "blueberry", "cherry", "orange"]
```

6. 删除元素

元素可以通过 del 语句、pop() 方法或 remove() 方法删除。

```
del fruits[1]
print(fruits)            # 输出: ["apple", "blueberry", "cherry", "orange"]
popped_fruit = fruits.pop(2)
print(popped_fruit)      # 输出: cherry
print(fruits)            # 输出: ["apple", "blueberry", "orange"]
fruits.remove("orange")
print(fruits)            # 输出: ["apple", "blueberry"]
```

7. 列表推导式

列表推导式是一种简洁的构建列表的方法，可以用表达式来创建列表，这个表达式可以包括对现有列表的操作。例如，生成一个包含前 5 个整数平方的列表：

```
squares = [x**2 for x in range(5)]
print(squares)
```

输出：

```
[0, 1, 4, 9, 16]
```

8. 列表的常用方法和函数

Python 还提供了一些列表常用的方法和函数，如表 2-7 所示。

表 2-7 列表常用方法和函数

函数或方法	含　　义	函数或方法	含　　义
len(list)	返回列表中元素的个数	list.sort()	对列表进行排序
max(list)	返回列表中的最大值	list.reverse()	反转列表
min(list)	返回列表中的最小值		

举例说明如下：

```
my_list = [1, 2, 3, 4, 5]
length = len(my_list)
print(length)            # 输出: 5
maximum = max(my_list)
print(maximum)           # 输出: 5
minimum = min(my_list)
print(minimum)           # 输出: 1
my_list.reverse()
print(my_list)           # 输出: [5, 4, 3, 2, 1]
```

2.4.5 元组

元组：和列表类似，但是用小括号括起来，并且元素之间用逗号分隔。元组是不可变的（immutable），一旦创建，其内容不能被改变。

1. 创建元组

元组通过圆括号创建，并且元素之间用逗号分隔。也可以不使用括号，直接将元素分隔开来创建元组。

```
>>> tp1=(1,2,3)
>>> tp1
(1, 2, 3)
>>> tp2=5,6,7
>>> tp2
(5, 6, 7)
>>> type((1,2,3))
<class 'tuple'>
```

2. 访问元组元素

元组中的元素可以通过索引访问，索引从 0 开始：

```
>>> tp=(1,2,3,4,5)
>>> tp[0]
1
```

和列表一样，元组也支持负数索引和切片操作：

```
>>> tp[-1]
5
>>> tp[1:4]
(2, 3, 4, 5)
```

3. 元组推导式

元组也支持推导式，可以用于创建复杂的元组。例如：

```
tuples = [(x, x**2) for x in range(1, 4)]
print(tuples)    # 输出 [(1, 1), (2, 4), (3, 9)]
```

4. 不可变性

与字符串一样，元组的不可变性意味着无法修改元组中的元素：

```
>>> tp[1] = 8
```

输出：

```
Traceback (most recent call last):
```

```
    File "<pyshell#15>", line 1, in <module>
      tp[1] = 8
TypeError: 'tuple' object does not support item assignment
```

2.4.6 字典

字典是用花括号表示的一组键值对，键和值之间用冒号分隔，键值对之间用逗号分隔。例如，{"name": "John", "age": 25} 是一个字典：

```
>>> {"name": "Jack", "age": 25}
{'name': 'Jack', 'age': 25}
>>> type({"name": "Jack", "age": 25})
<class 'dict'>
```

2.4.7 集合

集合是无序且不重复的元素集合，用花括号表示，元素之间用逗号分隔。集合常用于去掉重复元素，因为集合中的每个元素都是唯一的。例如：

```
>>> {3, 1, 4, 1, 5, 9, 2, 6}
{1, 2, 3, 4, 5, 6, 9}
>>> type({ "Python", 25})
<class 'set'>
```

2.4.8 类型转换

在 Python 中，可以通过内置的函数进行类型转换。下面是一些常用的类型转换方法。

1. 将其他类型转换为整数（int）

使用 int() 函数可以将浮点数和字符串等转换为整数。例如：

```
>>> int(5.8)
5
>>> int("10")
10
```

2. 将其他类型转换为浮点数（float）

使用 float() 函数可以将整数和字符串等转换为浮点数。例如：

```
>>> float(8)
8.0
>>> float("5.8")
5.8
```

3. 将其他类型转换为字符串（str）

使用 str() 函数可以将整数、浮点数或其他类型转换为字符串。例如：

```
>>> str(10)
'10'
>>> str(5.8)
'5.8'
```

2.5 逻辑控制语句

前面已经学习了 Python 的一些基本数据类型，掌握这些知识后，可以通过程序实现一些简单的功能，但是若想编写能够进行逻辑判断的更复杂代码，仅仅了解基本数据类型是不够的。接下来，需要学习并掌握一些常用的逻辑控制语句，通过这些控制语句，能够使程序在满足特定条件时执行特定操作，从而创建更加智能和灵活的应用程序。

2.5.1 条件分支语句

在 Python 中，可以使用 if 语句根据条件的真假执行不同分支的语句，实现流程控制。if 语句的一般形式为

```
if 表达式：
    语句块
```

这里的表达式可以是逻辑表达式、关系表达式，也可以是任何求值后为 True 或 False 的 Python 表达式。如果表达式为 True，将执行一个或多个语句。这些语句必须被缩进，通常是向右缩进四个空格。

例如：

```
x = int(input("input x:"))
y = int(input("input y:"))
if y!=0:
    print("x/y=",x/y)
```

在这里对除数 y 进行判断，只有在不为 0 的情况下才进行除法运算，保证了操作的合法性。更进一步，当 y 确实是 0 时，我们不希望不做任何操作，而是给用户输出友好的信息，这就需要用到 if else 语句。

if else 的形式为

```
if 表达式：
    语句块 1
else:
    语句块 2
```

下面是用 if else 语句重新编写的代码：

```
x = int(input("input x:"))
y = int(input("input y:"))
if y!=0:
    print("x/y=",x/y)
else:
    printf(" 除数不能是 0。")
```

此外，if 语句可以扩展，包含 elif（即 else if 的缩写）部分，允许更复杂的决策结构，处理更多的条件判断。

例如，从键盘输入一个成绩，根据成绩值输出对应的档次。

```
score = int(input("input score:"))
if score>=90:
    print(" 优秀 ")
elif score>=80:
    print(" 良好 ")
elif score>=60:
    print(" 及格 ")
else:
    print(" 不及格 ")
```

2.5.2 循环语句

1. while 循环语句

在 Python 编程语言中，while 语句提供了基于条件的循环控制结构。这个结构允许程序在给定条件满足时，反复执行代码块，直到该条件不再为真。

while 语句的基本语法如下：

```
while 表达式 :
    循环体
```

这里，"表达式"与 if 语句中的表达式相同，可以是任何有效的 Python 表达式，最终会被解释为一个布尔值。根据表达式的布尔值，决定是否执行"循环体"内的代码。

当程序执行到 while 语句时，其步骤如下。

（1）程序计算"表达式"的值。

（2）如果表达式的结果为真（True），则执行"循环体"内的代码。

（3）完成"循环体"内代码的执行后，程序再次计算表达式的值。

（4）如果表达式仍然为真，循环继续执行，返回步骤（2）。

（5）一旦表达式的结果为假（False），while 循环终止，程序继续执行 while 语句之后的代码。

例如，计算 1 到 100 的和。

```
# 初始化总和变量和计数器
sum = 0
counter = 1
```

```
# 当计数器小于或等于 100 时循环
while counter <= 100:
    sum += counter    # 将当前计数器的值加到总和上
    counter += 1      # 增加计数器的值
# 打印结果
print("The sum of 1 to 100 is:", sum)
```

在此示例中，while 循环会一直执行，直到 counter 的值大于 100。每次循环都会将当前的 counter 值累加到 sum 变量上，然后将 counter 加 1。最终 counter 值大于 100，条件不再满足，循环结束。

2. for 循环语句

在 Python 中，for 循环是一种常用的迭代结构，它可以遍历任何序列的元素，如列表、元组、字符串等。使用 for in 语句可以简洁地对序列中的每个元素执行一段代码。

for in 语句的基本结构如下：

```
for 变量 in 序列:
    # 执行的代码块
```

这里，"变量"是循环中当前元素的引用，而"序列"是要迭代的对象。

例如，使用 for in 语句遍历一个列表，并打印每个元素。

```
# 定义一个列表
fruits = ['apple', 'banana', 'cherry']   # 列表中包含三种水果
# 使用 for 循环遍历列表中的每个元素
for fruit in fruits:
    print(fruit)                          # 打印当前水果的名称
```

输出：

```
apple
banana
cherry
```

2.5.3　break 语句和 continue 语句

在 Python 中，break 语句和 continue 语句是控制循环结构的重要工具。它们通常用于 for 循环和 while 循环中，以改变循环的正常行为。这两个语句的目的是提供更多的控制方式，可以精细地处理循环中的迭代过程。

1. break 语句

break 语句用于立即退出整个循环，无论是 for 循环还是 while 循环。当执行到 break 语句时，循环将停止执行，控制流将跳出当前循环，继续执行循环后面的代码。

例如：

```
# 使用 for 循环遍历从 1 到 6 的数字
```

```
for i in range(1, 6):
    # 如果数字等于 5，使用 break 语句退出循环
    if i == 5:
        print("Break at", i)          # 打印当前数字，表示在哪里停止
        break                          # 退出循环
    print("Current number is", i)     # 打印当前数字
```

输出：

```
Current number is 1
Current number is 2
Current number is 3
Current number is 4
Break at 5
```

2. continue 语句

continue 语句用于跳过当前循环的剩余部分，并直接开始下一次迭代。当执行到 continue 语句时，当前迭代停止，并立即开始测试下一次迭代的条件。

例如：

```
# 使用 for 循环遍历从 1 到 6 的数字
for i in range(1, 6):
    # 如果数字等于 5，则使用 continue 语句跳过当前迭代
    if i == 5:
        print("Continue at", i)       # 打印当前数字，表示在哪里跳过
        continue                       # 跳过当前迭代的剩余部分
    print("Current number is", i)     # 打印当前数字
```

输出：

```
Current number is 1
Current number is 2
Current number is 3
Current number is 4
Continue at 5
Current number is 6
```

2.6 函数

在程序设计中，函数是一种封装一段代码的工具，这段代码可以执行特定的任务。通过定义函数，可以将代码组织成独立的、可重复使用的代码块。函数能提高应用的模块性和代码的重用率。函数可以带有参数（也称为输入），这些参数允许函数接收输入值，并且可以返回一个值。

2.6.1 定义和使用函数

在 Python 中，定义函数使用关键字 def，后跟函数名和圆括号。圆括号之间可以用来

定义参数。函数的第一行可以选择性地使用文档字符串，用于存放函数说明。函数内容以冒号起始，并且缩进。return [表达式] 结束函数，选择性地返回一个值给调用方。不带表达式的 return 或者没有 return 语句的函数将返回 None。

1. 函数的定义

在 Python 中，可以使用 def 关键字来定义一个函数。函数的基本结构如下：

```
def function_name(parameters):
    # 函数体
    # ...
    return value   # 可选的返回值
```

其中，function_name 是函数的名称；parameters 是函数可以接收的参数列表，用逗号分隔；return value 是函数返回的值。

1）定义一个简单的函数

下面是一个没有参数和返回值的简单函数示例：

```
def greet():
    print("Hello, World!")
```

2）带参数的函数

函数可以有参数，用于传递数据给函数。下面是带有一个参数的函数示例：

```
def greet(name):
    print("Hello, "+ name + "!")
```

2. 调用函数

定义完函数后，可以通过函数名和一对圆括号来调用：

```
greet()            # 输出：Hello, World!
greet("Jack")      # 输出：Hello, Jack!
```

1）返回值

函数可以使用 return 语句返回一个值。返回值可以用于后续的计算或作为其他函数的输入：

```
def add(a, b):
    return a + b
result = add(5, 3)
print(result)   # 输出：8
```

2）默认参数值

函数的参数可以有默认值，在调用函数时可以省略这个参数：

```
def greet(name="Guest"):
    print("Hello, "+ name + "!")
greet()             # 输出：Hello, Guest!
greet("Alice")      # 输出：Hello, Alice!
```

3）可变数量的参数

函数可以接收可变数量的参数，这通过在参数名前加一个 * 来实现：

```
def sum_numbers(*numbers):
    total = 0
    for number in numbers:
        total += number
    return total
print(sum_numbers(1, 2, 3, 4))    # 输出 10
```

2.6.2 变量的作用域

在 Python 中，函数内部定义的变量具有其特定的作用域。作用域定义了变量的可见性和可访问性，即在哪些部分的代码中可以使用该变量。

1. 局部作用域

函数内部定义的变量属于局部作用域。这些变量只能在函数内部访问，在函数外部是不可见的。当函数执行完毕后，局部变量的内存空间也会被释放。

```
def my_function():
    x = 10
    print("Inside the function:", x)
# 尝试在函数外部访问变量 x
# 这会导致 NameError: name 'x' is not defined
print("Outside the function:", x)
```

2. 全局作用域

全局作用域是在整个程序范围内都可访问的变量的作用域。这些变量在函数外部定义，这些变量可以在整个程序中的任何地方访问，包括函数内部。

```
global_var = 20           # 全局变量
def my_function():
    print(global_var)     # 可以访问全局变量，但不建议在函数内部直接修改
my_function()
print(global_var)         # 可以在这里访问
```

3. global 关键字

在函数内部使用 global 关键字可以修改全局变量：

```
global_var = 10
def my_function():
    global global_var     # 声明 global_var 为全局变量
    global_var = 20       # 修改全局变量的值
my_function()
print(global_var)         # 输出 20
```

2.7 模块与库的使用

在 Python 编程语言中，模块是将代码组织成文件的一种方式，这些文件可以包含函数、类、变量以及可执行代码。每个 Python 文件都可以作为模块，其他 Python 程序可以导入和使用这些模块中的代码。模块化是一种重要的概念，它有助于代码的重用，同时也使得代码更容易理解和维护。

2.7.1 自定义模块

1. 创建模块

创建一个模块其实就是创建一个包含 Python 代码的 .py 文件。例如，创建一个名为 my_module.py 的文件，在里面写上函数和变量：

```python
# my_module.py
def greet(name):
    return f"Hello, {name}!"
favorite_book = "三体"
```

2. 导入模块

在另一个 Python 脚本中导入 my_module 模块，并使用其中定义的函数、变量和类等：

```python
# another_script.py
import my_module
print(my_module.greet("Alice"))
print(f"My favorite book is {my_module.favorite_book}")
```

输出：

```
Hello, Alice!
My favorite book is 三体
```

3. 导入模块的特定部分

如果只想从模块中导入特定的函数或变量，则可以使用以下语法：

```python
from my_module import greet, favorite_book
print(greet("Alice"))
print(f"My favorite book is {favorite_book}")
```

输出：

```
Hello, Alice!
My favorite book is 三体
```

4. 模块的命名空间

每个模块都有自己的私有符号表，这意味着模块内定义的所有函数和变量名只存在于模块的命名空间内，不会与其他模块的命名空间冲突。这也是模块化编程的强大之处。

5. 包

当模块的数量增长时，可以通过包（packages）来组织模块，这样可以将模块组织成易于管理的层次结构。一个包就是一个包含模块和一个特殊的 __init__.py 文件的目录，后者表示目录是一个 Python 包，可以包含其他模块或子包。

2.7.2 标准库的模块

Python 带有一个标准库，它包含了许多有用的模块。例如，math 模块提供了数学相关的函数和变量：

```python
import math
print(math.sqrt(16))    # 输出：4.0
```

模块是 Python 重要的组成部分，它有助于程序的模块化和代码的重用。通过合理使用模块和包，可以构建出结构清晰、可维护性强的程序。

2.8 面向对象编程基础

面向对象编程（object-oriented programming，OOP）是一种编程范式，它使用"对象"来表示数据和方法，并通过"类"来创建这些对象。在 Python 中，面向对象的概念是语言的核心部分，允许我们模拟现实世界中的实体及其交互。

2.8.1 基本概念

面向对象编程的核心概念包括类、对象、属性和方法。

（1）类（class）：创建对象的模板，它定义了对象的数据和行为。

（2）对象（object）：类的实例。如果类是某种类型实体的模板，则对象是根据此模板创建的实体。

（3）属性（attributes）：附加到对象上的数据，表示对象的状态。

（4）方法（methods）：定义在类内部的函数，用于描述对象的行为或与对象交互。方法通常可以操作对象的属性或执行与对象相关的任务。

2.8.2 类的定义和对象创建

1. 类的定义

在 Python 中，使用关键字 class 来定义一个类。类是创建对象的模板，它定义了一组属性（变量）和方法（函数）。类通常以其功能命名，使用大驼峰命名法（首字母大写，不使用下画线）。例如：

```
Class Book:
    def __init__(self, title, author, pages):
        self.title = title
        self.author = author
        self.pages = pages
    def info(self):
        return f"{self.title} 作者是：{self.author}, {self.pages} 页。"
```

2. 对象创建

对象是类的实例。创建对象时，需要使用类的构造函数（通常是一个名为 __init__ 的特殊方法），它初始化对象的状态：

```
my_book = Book(" 西游记 ", " 吴承恩 ", 600)
```

这里，my_book 是根据 Book 类模板创建的一个对象，代表了一本书。

3. 访问属性和方法

可以使用点（.）操作符访问对象的属性和方法。

```
print(my_book.title)    # 输出：西游记
print(my_book.author)   # 输出：吴承恩
print(my_book.pages)    # 输出：600
# 调用 info 方法来显示图书信息
print(my_book.info())   # 输出：西游记 作者是：吴承恩, 600 页
```

2.8.3 继承

继承是一种机制，允许一个类（称为子类或派生类）继承另一个类（称为基类或父类）的属性和方法。假设想要一个特殊类型的图书，如电子书（EBook），它除了一般图书的属性外，还有文件大小（file_size）作为新属性。EBook 类可以从 Book 类继承，并添加新的属性。

```
Class EBook(Book):
    def __init__(self, title, author, pages, file_size):
        super().__init__(title, author, pages)
        self.file_size = file_size
    def info(self):
        return f"{super().info()}, 文件大小：{self.file_size}MB"
```

在这里，EBook 类通过调用 super() 函数继承了 Book 类的构造函数，并添加了一个新的参数 file_size。同时，也重写了 info 方法以包括文件大小信息。

创建 EBook 类并访问它的方法：

```
my_ebook = EBook(" 三体 ", " 刘慈欣 ", 423, 2)
print(my_ebook.info())  # 输出：三体 作者是：刘慈欣, 423 页, 文件大小：2MB
```

2.8.4 多态

多态是指不同类的对象对同一消息具有不同的实现方式。在多态机制下，一个方法可以作用于不同类型的对象，而这些对象可以根据自身的类型来执行特定的行为。

现在，定义一个函数 print_book_info，它接收任何 Book 类型的实例作为参数：

```
def print_book_info(book):
    print(book.info())
```

这个函数不关心传入的对象具体是 Book 类型还是 Book 的任何子类，它只调用传入对象的 info 方法。无论哪种类型的 Book，都有对应的 info 方法。这就体现了多态性质。

```
# 使用 print_book_info 函数
print_book_info(my_book)
print_book_info(my_ebook)
```

输出：

```
西游记 作者是：吴承恩，600 页
三体 作者是：刘慈欣，423 页，文件大小：2MB
```

在上面的例子中，print_book_info 函数展示了多态性，因为它可以接收任何 Book 的实例，不同类型的 Book 可以有不同的 info 方法实现。函数运行时会根据传入对象的实际类型来调用适当的方法实现。这样，即使在未来添加更多的 Book 子类，print_book_info 函数也无须更改，就可以继续使用，这就是多态性的优势。

2.9 案例：创建"画廊"系统

创建一个模拟"画廊"的程序，其中包括不同类型的艺术作品（如绘画和雕塑）。每个艺术作品都有自己的属性和方法。我们将通过面向对象编程来实现这一模拟。

1. 创建基本的 Artwork 类

首先，创建一个基本的 Artwork 类，它包含艺术作品的基本属性和方法。

```
class Artwork:                                          # 定义 Artwork 类
    def __init__(self, title, artist, year):            # 定义初始化方法
        self.title = title                              # 设置标题属性
        self.artist = artist                            # 设置艺术家属性
        self.year = year                                # 设置创作年份属性
    def describe(self):                                 # 定义描述方法
        return f"'{self.title}' by {self.artist}, {self.year}."
                                                        # 返回描述字符串
# 创建 Artwork 类的实例对象
artwork1 = Artwork("Mona Lisa", "Leonardo da Vinci", 1503)  # 创建作品实例
print(artwork1.describe())                              # 调用描述方法，输出描述信息
```

输出:

```
'Mona Lisa' by Leonardo da Vinci, 1503.
```

2. 创建具体的艺术作品类：Painting 和 Sculpture

创建两个具体的艺术作品类 Painting 和 Sculpture，它们继承自 Artwork 类，并添加特定的属性和方法：

```
class Painting(Artwork):                    # 定义 Painting 类，继承自 Artwork 类
    def __init__(self, title, artist, year, medium):    # 定义初始化方法
        super().__init__(title, artist, year)   # 调用父类的初始化方法
        self.medium = medium                # 设置媒介属性
    def describe(self):                     # 重写描述方法
        return f"'{self.title}' by {self.artist}, {self.year}. Medium: {self.medium}."
                                            # 返回描述字符串
class Sculpture(Artwork):                   # 定义 Sculpture 类，继承自 Artwork 类
    def __init__(self, title, artist, year, material):  # 定义初始化方法
        super().__init__(title, artist, year)   # 调用父类的初始化方法
        self.material = material            # 设置材质属性
    def describe(self):                     # 重写描述方法
        return f"'{self.title}' by {self.artist}, {self.year}. Material: {self.material}."
                                            # 返回描述字符串
# 创建 Painting 类的实例对象
painting1 = Painting("Starry Night", "Vincent van Gogh", 1889, "Oil on canvas")
                                            # 创建绘画作品实例
print(painting1.describe())                 # 调用描述方法，输出描述信息
# 创建 Sculpture 类的实例对象
sculpture1 = Sculpture("David", "Michelangelo", 1504, "Marble")
                                            # 创建雕塑作品实例
print(sculpture1.describe())                # 调用描述方法，输出描述信息
```

输出:

```
'Starry Night' by Vincent van Gogh, 1889. Medium: Oil on canvas.
'David' by Michelangelo, 1504. Material: Marble.
```

3. 多态示例：画廊展示

定义一个函数 display_artwork，接收一个 Artwork 对象，并调用它的 describe 方法，不论这个对象是 Artwork 类还是其子类的实例：

```
def display_artwork(artwork):               # 定义一个函数，接收一个 Artwork 对象
    print(artwork.describe())               # 调用对象的 describe 方法并打印结果
# 使用 display_artwork 函数展示艺术作品
display_artwork(artwork1)                   # 打印艺术作品的信息
display_artwork(painting1)                  # 打印绘画作品的信息
display_artwork(sculpture1)                 # 打印雕塑作品的信息
```

输出:

```
'Mona Lisa' by Leonardo da Vinci, 1503.
```

```
'Starry Night' by Vincent van Gogh, 1889. Medium: Oil on canvas.
'David' by Michelangelo, 1504. Material: Marble.
```

4. 创建一个"画廊"类

创建一个 Gallery 类，用来管理和展示多件艺术作品：

```
class Gallery:                                      # 定义 Gallery 类
    def __init__(self, name):                       # 定义初始化方法
        self.name = name                            # 设置画廊名称属性
        self.artworks = []                          # 初始化艺术作品列表
    def add_artwork(self, artwork):                 # 定义添加艺术作品的方法
        self.artworks.append(artwork)               # 将艺术作品添加到列表中
    def display_all_artworks(self):                 # 定义展示所有艺术作品的方法
        print(f"Gallery: {self.name}")              # 打印画廊名称
        for artwork in self.artworks:               # 遍历艺术作品列表
            print(artwork.describe())               # 打印每件艺术作品的描述
# 创建 Gallery 类的实例对象
gallery = Gallery("The Louvre")                     # 创建一个名为 The Louvre 的画廊
# 向画廊添加艺术作品
gallery.add_artwork(artwork1)                       # 添加艺术作品
gallery.add_artwork(painting1)                      # 添加绘画作品
gallery.add_artwork(sculpture1)                     # 添加雕塑作品
# 展示画廊中的所有艺术作品
gallery.display_all_artworks()                      # 调用展示所有艺术作品的方法
```

输出：

```
Gallery: The Louvre
'Mona Lisa' by Leonardo da Vinci, 1503.
'Starry Night' by Vincent van Gogh, 1889. Medium: Oil on canvas.
'David' by Michelangelo, 1504. Material: Marble.
```

2.10 小结

本章详细介绍了 Python 编程语言的起源、安装与配置，以及其基本语法和面向对象编程的核心概念。Python 由吉多·范罗苏姆在 20 世纪 80 年代末创建，其简洁的语法和多功能性使其迅速流行。本章包括 Python 的安装步骤，如下载并配置环境变量，并详细说明了集成开发环境 PyCharm 的使用方法。还涵盖了 Python 的基本语法，包括注释、缩进、关键字和标识符，并讲解了常量与变量的使用方法。在数据类型方面，Python 支持多种类型，如整数、浮点数、字符串、列表、元组、字典和集合，并允许进行类型转换。逻辑控制语句涵盖条件分支语句和循环语句，函数的定义与使用展示了 Python 的灵活性。面向对象编程部分详细阐述了类与对象的概念、继承、多态等高级特性。最后，通过具体案例展示了如何应用这些知识开发实际程序，提升学生的编程技能和理解能力。

习题

1. 什么是 Python 中的注释?
2. Python 中的标识符命名规则有哪些?
3. 如何定义和使用 Python 中的函数?
4. 编写程序,输入一个数,判断它是正数、负数还是零。
5. 编写程序,计算并打印一个列表的平均值。
6. 编写程序,检查并打印一个数是否为回文数。
7. 编写程序,删除列表中的重复元素,并打印结果。
8. 编写程序,统计并打印字符串中每个字符的频率。

第 3 章

数据处理与可视化

本章介绍了数据科学领域中的基本工具与方法,主要内容包括:
- 使用 NumPy 进行科学计算;
- 运用 Pandas 进行数据分析与预处理;
- 使用 Matplotlib 进行数据可视化。

通过本章的学习,读者将掌握如何处理与展示数据,为后续机器学习提供必要的数据基础。

3.1 NumPy——科学计算工具

3.1.1 NumPy 概述

1. 简介

NumPy(numerical Python)是一个开源的用于处理大量维度数组和矩阵运算的科学计算库,是 Python 的扩展程序库之一。NumPy 提供了用于表示数组的数据结构,提供了大量对数组运算的数学函数库,提供了生成随机数、线性代数、傅里叶变换等功能,集成了 C、C++ 等语言编写代码的工具,此外还可作为数据传递的容器。NumPy 在数值计算方面大大提高了编码的效率,减轻了程序员的工作,并能提高数据的读写性能。

2. NumPy 的安装和测试

以 Windows 操作系统为例,安装 NumPy 之前,先要安装 Python。Python 的默认安装环境下未安装 NumPy,NumPy 是 Python 的一个独立模块。

1)测试 Python 中是否已安装 NumPy

(1)按 Win+R 组合键,进入 cmd 命令窗口,输入 python 命令,按 Enter 键,进入 Python 命令窗口。

(2)在 Python 命令窗口中输入 import numpy 命令,导入 NumPy 模块。

(3)若窗口中出现 ModuleNotFoundError: No module named "numpy" 的提示,则需要安装 NumPy 软件包,否则代表已安装了 NumPy 软件包。

2)安装 NumPy 软件包

(1)按 Win+R 组合键,进入 cmd 命令窗口。

(2)在 cmd 命令窗口中输入 pip install numpy 命令,按 Enter 键,开始安装 NumPy 模块,安装界面如图 3-1 所示。

图 3-1 NumPy 安装界面

(3)在 PyCharm 中安装 NumPy 软件包

打开 PyCharm,选择菜单命令 File → Settings → Project 项目名→ Python Interpreter,双击 Package 列表框中的任意已安装的软件包,或单击左上角加号(+),打开 Available Packages 窗口,在搜索框内输入 numpy → Install Package。

3)导入 NumPy 库

```
import numpy as np
```

3.1.2 NumPy 数组运算

1. PIL 库

PIL(python image library)库是 Python 中广泛使用的图像处理的第三方库,提供了一系列用于图像处理的函数和工具。需要注意的是,在使用命令行安装时要安装 pillow 库,而在代码中使用时,依然通过导入 PIL 库来进行操作。Image 类是 PIL 中的基础类,一个 image 对象就代表了一个图像对象。通过使用 Image 类,可以将 RGB 图像转换为 NumPy 数组,并通过数组运算操作实现图像的亮度调整、灰度调整、旋转及裁剪等操作。

命令行的安装方法:

```
pip install pillow
```

模块导入:

```
from PIL import Image
```

Python 中载入、保存图像文件的参数如表 3-1 所示。

表 3-1 载入、保存图像文件

类名	语法格式及案例	函数功能	参数说明
Image	Image.open(file) 例：im=Image.open('天空 .jpg')	载入图像，返回一个 Image 对象，Image 对象用于读取和处理图像文件	file：载入的图像文件（包含其路径）
	save(file[,mode]) 例：fir_ld1.save('天空亮度 .jpg')	能够以多种不同的图像格式保存图片	file：要保存的图像的名称（包含其路径）；mode：可选项，指定图像的格式

2. NumPy 数组对象

NumPy 中提供了 ndarray（N-dimensiona Array Object）、ufunc（Universal Function）两类对象。ndarray 是一种多维数组对象，包含实际的数据和用于描述数据的元数据两部分，而 ufunc 是用于对数组进行操作的函数。在 NumPy 数组中，通常所有元素的数据类型都是相同的，并且数组的索引从 0 开始。

1）创建数组对象

语法格式：

```
np.array(object,dtype=None,copy=True,order=None,subok=False,ndmin=0)
```

数组对象如表 3-2 所示。

表 3-2 数组对象

参数名称	参数说明	必选/可选
object	接收数组 array	必选
dtype	数组所需要的数据类型；默认值：None	可选
copy	布尔类型，是否复制对象；默认值：True	可选
order	字符串，指定多维数组在内存中的存储顺序；可以是 'C'（按行）或 'F'（按列）或者 'None'（默认值，自动选择适合的存储方式）	可选
subok	布尔类型，默认值为 False	可选
ndmin	接收 int，指定生成数组具有的最小维数	可选

例如：

```
ima=np.array(Image.open('天空 .jpg'))    # 载入并读取图片，将其转换为数组
print(ima)                               # 得到一个三维数组
```

访问数组中元素：数组名 [下标]（下标的数值与前章节中列表类似，[下标] 的个数与数组的维数决定）。例如：print(ima[1,1,1])。

2）数组属性

数组属性如表 3-3 所示。

表 3-3 数组属性

属性	说明	案例
ndim	数组维度，返回 int	print(ima.ndim)#3

续表

属性	说明	案例
shape	数组的尺寸，返回 tuple（数组）	print(ima.shape)#(1280,3696,3)
size	数组中元素个数，返回 int	print(ima.size)#14192640
dtype	数组中元素类型，返回 data-type	print(ima.dtype)#unit8
itemsize	数组中每个元素的大小（字节），返回 int	print(ima.itemsize)#1

3）NumPy 的数据类型

Python 中的数据类型有浮点型、整型、布尔类型等，不同数据类型占用的内存空间不同。NumPy 中大部分数据类型名以数字结尾，表示其在内存中占用的位数。NumPy 中也支持不同数据类型转换，并且允许用户根据需要自定义数据类型。

（1）NumPy 中支持的数据类型，如表 3-4 所示。

表 3-4 数据类型

数据类型	说明
int	整型，由所在平台决定占用的位数、数据范围
int8、int16、int32、int64	整型，内存中占用的位数分别为 8、16、32、64，数据范围不相同
uint8、uint16、uint32、uint64	无符号整型，内存中占用的位数分别为 8、16、32、64，数据范围不相同
float16、float32	半精度浮点数 16 位、32 位
float64 或 float	双精度浮点数 64 位
bool	布尔类型 1 位存储，值为 True 或 False
complex64	复数，分别用两个 32 位浮点数表示实部和虚部
complex128 或 complex	复数，分别用两个 64 位浮点数表示实部和虚部

例如：

```
print(image.dtype)    # 由 RGB 图像转换的数组的数据类型为 'uint8'
```

（2）NumPy 数据类型转换。

astype() 函数

语法格式：

数组名.astype(numpy.数据类型)

例如：

```
im_1d1.astype('uint8')  # 把数组 im_1d1 中的数据类型转换为 'uint8'
```

3. NumPy 数组的运算

NumPy 中，数组可以直接进行加、减、乘、除、指数、求倒数、取相反数、位等运算，并在除运算时遇除数为 0 异常时，提示无效运算（无效值用 NaN 或 inf 表示）。

1）相同形状数组的运算

规则：按元素进行逐个元素运算，将两个数组中索引相同的元素进行运算，运算后将返回含运算结果的新数组。例如：

```
arra=np.arange(3)    # arange()函数创建一维数组，与range()函数使用类似
arrb=np.array([0,1,2])
arrc=arra+arrb
print(arrc)          # 运行结果为[0 2 4]
```

2）不相同形状数组的运算

低维数组会自动将维度扩充到与高维数组一致，再按元素逐个进行运算。例如：

```
image=np.array(Image.open('天空.jpg'))
im_ld1 = image *0.6
```

4. NumPy 数组操作——切片

1）数组的索引

数组下标即数组的索引，与列表的索引相似，分为正索引和负索引两种。数组的正索引从 0 开始，自左向右，以 1 为步长逐渐递增。数组的负索引从右到左，最右边数组元素的负索引为 −1，以 −1 为步长逐渐递减。

二维数组由行和列组成，二维数组中的每一行相当于一维数组。二维数组中元素的索引是由该元素所在的行索引和列索引组成的，如图 3-2 所示。例如：

```
arrd=np.array([[10,11,12,13,14],[5,6,7,8,9]])
```

获取二维数组元素的方法：

数组名 [行索引，列索引]

图 3-2　索引

例如：arrd[1,2]。

2）数组切片

截取数组中某个范围之间元素，或用来修改元素的值。一维数组和二维数组切片参数如表 3-5 所示。

表 3-5　数组切片

切片类型	语法格式及案例	参　数　说　明
一维数组切片	数组名 [start:end:step] 例：arr1=[45,56,7,9,34] 　　　print(arr1[2:4])	start：截取数组中开始元素的索引 end：截取数组中结束元素的索引，不包括 end 索引所指定的元素，step 表示步长 省略 start 索引：表示从 0 索引开始 省略 end 索引：表示截取数据要包括数组最后一个元素
二维数组切片	数 组 名 [rows_start:rows_end:rows_step, cols_start:cols_end:cols_step] 例：arrd=np.array([0,1,2,3,4],[5,6,7,8,9]) 　　　#ad=arrd[1,3] 　　　#print(ad)	rows_start:rows_end：截取数组中元素的行索引范围 cols_start:cols_end：截取数组中元素的列索引范围，但不包括 rows_end 行索引和 cols_end 列索引所指定的元素 rows_step: 行索引的步长 cols_step：列索引的步长 省略 rows_start、cols_start 索引：从 0 索引开始

续表

切片类型	语法格式及案例	参　数　说　明
二维数组切片	b1=arrd[:2,1:3] print(b1) b2=arrd[:2:2,:-3:2] print(b2)	省略 rows_end、cols_end 索引：截取数据要包括行或列最后一个元素 行索引或列索引可以使用负数，-1 表示从行或列数组最后往前数的第一个元素 数组切片时，行索引或列索引范围可以使用省略号（...），表示行或列所选择元素的长度与数组的行或列的维度相同

说明：高维数组的索引和切片参考二维数组的索引和索引类推。

5. 案例应用

1）案例描述

本案例实现对 RGB 图像的处理，通过对数组的计算操作处理图像，呈现亮度、灰度、旋转、裁剪调整等效果。原始图像为 3696×1280 像素的 RGB 图像，如图 3-3 所示。

图 3-3　原始图像

2）案例设计思路

（1）读入 RGB 图像。

（2）获得图像的 RGB 值，并将其转换为 nadarry 数组。

（3）运用数组运算操作，修改 RGB 图像数组元素的值。

（4）将修改后的结果保存为图像文件。

3）案例完整程序

```
import numpy as np
from PIL import Image
image=np.array(Image.open('天空.jpg'))           # 调整亮度1
im_ld1 = image *0.6                              # 数组计算
fir_ld1=Image.fromarray(im_ld1.astype('uint8'))  # astype()函数实现数据类
                                                 #   型转换
fir_ld1.save('天空亮度1.jpg')                    # 调整亮度2
im_ld2 = image *1.8       # RGB图片像素值范围为0~255，使用np.clip数值裁剪
fir_ld2= np.clip(im_ld2, a_min=None, a_max=254.)
fir_ld2=Image.fromarray(im_ld2.astype('uint8'))
fir_ld2.save('天空亮度2.jpg')                    # 图像灰度变换
a=[255,255,255]-image                            # 灰度反向
```

```
fir=Image.fromarray(a.astype('uint8'))
fir.save('天空灰度1.jpg')                    # dot()函数求数组中对应元素相乘的累加和
b=np.dot(image,[0.290,0.524,0.101])
fou=Image.fromarray(b.astype('uint8'))
fou.save('天空灰度2.jpg')                              # 垂直翻转
# 数组切片操作,将图片最后一行和第一行互换,倒数第二行和第二行互换,以此类推
# 第一行互换倒数第一行,对于行,使用::-1来表示切片
image_up_down = image[::-1,:,:]
img2 =Image.fromarray(image_up_down)        # 实现array到image的转换
img2.save('上下翻转.jpg')                    # 宽度(水平)方向裁剪
W1 =1500
image_w_clip = image[:,W1:,:]
img3 =Image.fromarray(image_w_clip)         # 实现array到image的转换
img3.save('宽度裁剪.jpg')                    # 高度、宽度(垂直水平方向)同时裁剪
HH, WW = image.shape[0], image.shape[1]     # image.shape得到一数组[高度,
                                              宽度,通道数]
H1 = HH // 2
H2 = HH
W1 = 1000
image_H_W_clip = image[H1:H2,:W1,:]
img4 =Image.fromarray(image_H_W_clip)        # 实现array到image的转换
img4.save('宽度高度裁剪.jpg')
```

4)案例结果

运行结果如图 3-4 所示。

图 3-4 运行结果

3.2 Pandas——数据分析工具

3.2.1 Pandas 概述

1. 简介

Pandas 是一种基于 NumPy 的专门用于数据分析的开源 Python 库。Pandas 能与其他大多数模块兼容，并能借助 NumPy 强大的计算能力实现数据分析。Pandas 主要包含一维 Series 和二维 DataFrame 表格两种数据结构，这两种数据结构管理与关系数据库和工作表具有类似的特征。当然，Python 中的数据类型在 Pandas 中也是同样适用的。

Pandas 具备读取或写入各种数据源（CSV 格式、Excel 文件等）数据的功能，处理时间序列、矩阵数据、表格异构等不同格式数据的功能，灵活处理缺失数据的功能，数据建模、分析等功能，处理数据集上的大量操作的功能。

2. Pandas 的安装和测试

安装 Pandas 之前，先要安装 Python。Python 的默认安装环境下未安装 Pandas，Pandas 是 Python 的一个独立模块。

1）测试 Python 中是否已安装 Pandas

（1）按 Win+R 组合键，进入 cmd 命令窗口，输入 python 命令，按 Enter 键，进入 Python 命令窗口。

（2）在 Python 命令窗口中输入 import pandas 命令，导入 Pandas 模块。

（3）若窗口中出现 ModuleNotFoundError: No module named "pandas" 的提示，则需要安装 Pandas 软件包，否则代表已安装了 Pandas 软件包。

2）Windows 操作系统下安装 Pandas 软件包

（1）按 Win+R 组合键，进入 cmd 命令窗口。

（2）在 cmd 命令窗口中输入 pip install pandas 命令，按 Enter 键，开始安装 Pandas 模块，安装界面如图 3-5 所示。

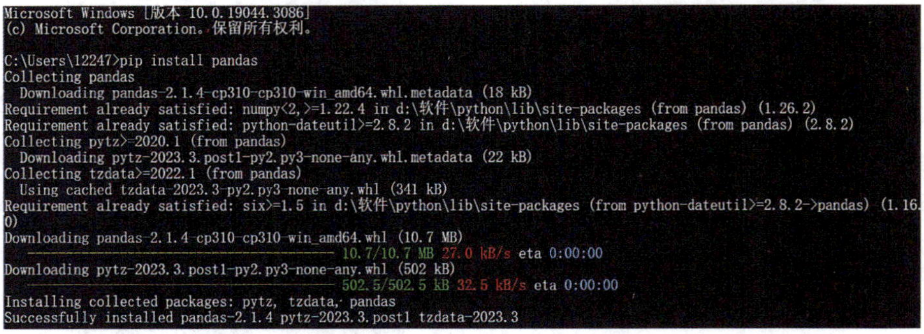

图 3-5 Pandas 安装界面

（3）在 PyCharm 中安装 Pandas 软件包。打开 PyCharm，选择菜单命令 File → Settings → Project 项目名 → Python Interpreter，双击 Package 列表框中的任意已安装的软件包，或单击左上角加号（+），打开 Available Packages 窗口，在搜索框内输入 pandas →

Install Package 命令。

3）导入 Pandas 库

```
import pandas  as pd
```

3.2.2　Pandas 基础

1. pandas 的数据结构

Series 和 DataFrame 是 Pandas 的两种主要的数据结构，基本所有的数据分析的事务均是围绕这两种结构进行的。Series 数据结构类似于一维数组的对象，DataFrame 数据结构类似于大小可变的二维的表格结构。

1）Series 数据结构

Series 是一维的数据结构，由一组数据（值）及一组相关的数据标签（索引）组成。具体说来，Series 对象由两个相关联的数组组成：value 主数组（用于存放数据）和 index 数组（与主数组的每个元素相关联的标签）。Series 的常用操作如表 3-6 所示。

表 3-6　Series 的常用操作

常 用 操 作	语法格式及案例	参 数 说 明
创建 Series 对象	pandas.Series(data[,index]) 例：dd=pandas.Series([1,8,9,3,4])	data: 输入给 Series 的数据，可以为 NumPy 中任意类型的数据 index:Series 对象中的索引
查看 Series 值和标签	print(dd.values) # 查看值 print(dd.index) # 查看标签	values:Series 数据值 index:Series 数据对应索引
选择元素	选择单个元素：指定索引，例：print(dd[2]) 选择多个元素：切片操作，例：print(dd[0:2])	—
给元素赋值	通过索引赋值，例：dd[2]=40	—
NaN	—	表示数据有问题，必须对其处理

2）DataFrame 数据结构

DataFrame 是一种与 Excel 工作表相似的表格型的数据结构，是常用的 Pandas 对象，由按一定顺序排列的多列数据组成，每列数据的数据类型可以不相同，常用于表征二维数据（也可表征多维数据），包含行索引和列索引，如图 3-6 所示。

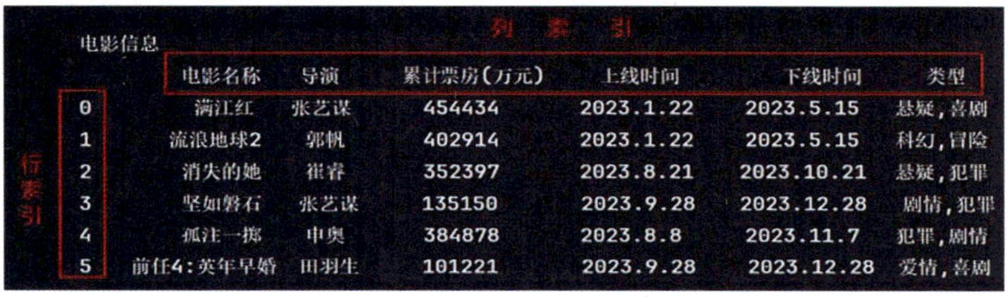

	电影名称	导演	累计票房(万元)	上线时间	下线时间	类型
0	满江红	张艺谋	454434	2023.1.22	2023.5.15	悬疑,喜剧
1	流浪地球2	郭帆	402914	2023.1.22	2023.5.15	科幻,冒险
2	消失的她	崔睿	352397	2023.8.21	2023.10.21	悬疑,犯罪
3	坚如磐石	张艺谋	135150	2023.9.28	2023.12.28	剧情,犯罪
4	孤注一掷	申奥	384878	2023.8.8	2023.11.7	犯罪,剧情
5	前任4:英年早婚	田羽生	101221	2023.9.28	2023.12.28	爱情,喜剧

图 3-6　DataFrame 结构

DataFrame 的常用操作如表 3-7 所示。

表 3-7　DataFrame 的常用操作

常用操作	语法格式及案例	参 数 说 明
创建 DataFrame 对象	pandas.DataFrame(data[,index[,columns]]) 用字典生成 DataFrame 对象，字典对象以列的名称作为键，每个键包含的数组或列表或元组作为值 例：data={'电影名称':['满江红'],'导演':['张艺谋'],'累计票房(万元)':[454434],'上线时间':['2023.1.22'],'下线时间':['2023.4.15'],'类型':['悬疑,喜剧']} daf=pd.DataFrame(data) print('电影信息 \n',daf)	data: 输入给 DataFrames 的数据 index:DataFrame 对象中行索引的标签 columns:DataFrame 对象中列索引的标签
选择元素	print(daf.columns)	columns 属性：选择所有列的名称
	print(daf.index)	index 属性：获得索引列表
	print(daf.values)	values 属性：获取所有元素
	选择一列元素 DataFrame 对象 [列名称] 或 DataFrame 对象 . 列名称 例：print(daf['导演']) 　　print(daf.导演)	把列名称作为索引，作为 DataFrame 对象的属性
	选择一行元素 DataFrame 对象 .iloc[1] 例：print(daf.iloc[0])	iloc 属性和行的索引值
	选择多行元素 DataFrame 对象 .iloc[::] 例：print(daf.iloc[:2:1])	iloc 属性和数组切片指定索引列表范围
	选择实例中的一个元素 例：print(daf['导演'][1])	指定元素的列名称、行索引或标签
	选择实例中的某一范围内的元素 例：print(daf['导演'][1:4])	切片形式指定元素的列名称、行索引或标签的范围
修改元素	添加或修改一列元素 DataFrame 对象 [（新）列名称]=[值] 例：daf['城市']=['北京']	指定 DataFrame 对象（新）列的名称，并对其赋值
	添加一行元素 DataFrame 对象 .loc[行索引号]=[] 例：daf.loc['6']=['深海','田晓鹏','91952','2023.1.22','2023.4.15','奇幻,动画']	利用 loc 属性添加一行；利用 loc 属性指定 DataFrame 对象中行索引，并对其赋值
	修改一行元素 DataFrame 对象 .loc[行索引号]=[]	
	修改一个元素 例：daf['类型'][daf['电影名称']=='深海']='动画,奇幻'	选择元素直接赋值
删除元素	删除一列元素或删除一行元素 DataFrame 对象 .drop(axis,inplace) 例：daf.drop([5],axis=0,inplace=True)	axis=1 删除列元素 axis=0 删除行元素 inplace=True 内部删除，原数据改变 inplace=False 原数据不改变

2. 数据分析方法

常用统计函数如表 3-8 所示。

表 3-8 常用统计函数

函数	功 能 说 明	函数	功 能 说 明
max()	求最大值	var()	求方差
min()	求最小值	std()	求标准差
sum(axis=0)	按各列求和	cumsum()	求累计和
count()	统计非 NA 值的数量	mad()	根据平均值求平均绝对利差
mean()	按各列求平均值	describe()	按各列返回基本统计量和分位数
median()	求中位数		

1）基本统计分析

基本统计分析（描述性统计分析）能够实现按各列返回基本统计量和分位数。一般统计某个变量（某列）的个数、最大值、最小值、求和、标准差、分位值（25%、50%、75%）等。

语法格式：

```
DataFrame.describe()  或  DataFrame.columns.describe()
```

例如：

```
daf = pd.read_excel('dianying_info4.xlsx')
print('累计票房列描述性统计分析 ',daf.累计票房万元.describe())
print('累计票房（万元）列的最大值 ',daf.累计票房万元.max())
print('累计票房（万元）列的均值 ',daf.累计票房万元.mean())
```

2）分组分析

分组分析能够根据分组字段，将分析对象划分成不同部分，达到对比分析各组之间差异性的目的。

语法格式：

```
DataFrame.groupby(by=[分组列1,分组列2,...])[统计列1,统计列2,...]
.agg({统计列别名1:统计函数1,统计列别名2:统计函数2,...})
```

例如：

```
fz=yx1.groupby('电影名称').agg({'累计票房（万元）':'sum','上映天数':'max'}).
    reset_index()       # 按电影名称分组计算总票房，最多的上映天数
```

3. Pandas 数据读写

实际生活中，数据常以文件和数据库这两种形式存储在计算中。以文件形式存储常见的形式包括 Excel（微软电子表格文件）、TXT（纯文本文件）、CSV（字符分隔文件）、JSON（一种数据交换格式文件）。以数据库形式存储常见的形式包括 SQL Server（微软企业数据库）、Access（微软 Access 文件）、MySQL（开源数据库）等。

如何从数据库或文件中读取数据，并将其存储为 DataFrame 对象，或将 DataFrame 对

象中的数据写入数据库或文件中，是 Pandas 数据处理要解决的问题。Pandas 库提供了 I/O API 函数实现文件的读取与写入操作。下面主要介绍读写 Excel 文件和文本文件这两种文件的操作。

1）读取 / 存储 Excel 文件

Excel 是微软公司办公软件 Microsoft Office 的组件之一，使用 Excel 可以进行各种数据处理分析。Microsoft Office Excel 2007 之前版本的文件类型名为 .xls，Microsoft Office Excel 2007 及其以后版本的文件类型名为 .xlsx。本部分主要对文件类型名为 .xlsx 的 Excel 文件进行读 / 写操作。

执行 Pandas 读写 Excel 文件（文件类型名为 .xlsx）操作时，需要安装 openpyxl 库（pip install openpyxl），并且在使用时要导入 openpyxl 库（import openpyxl）。

（1）读取 Excel 文件。

`read_excel()` 函数

语法格式：

```
Pandas.read_excel(io,sheet_name=0,header=0,index_col=None,names=None,dtype=None)
```

语法中的参数说明如表 3-9 所示。

表 3-9 读取 Excel 文件语法参数说明

参数名称	参 数 说 明
io	接收 string，表示文件名和路径
sheet_name	接收 string、int、list 或 None 类型，表示 Excel 表内数据的分表位置，默认值为 0
header	接收 int 或 sequence，表示将某行数据作为列名，取值为 int 时代表将该列作为列，取值为 sequence 时则代表多重列索引，默认为 infer，表示自动识别
names	接收 array，表示列名，默认为 None
index_col	接收 int、sequence 或 False，表示索引列的位置，默认为 None
dtype	接收 dict，代表写入的数据类型（列名为 key，数据格式为 values），默认为 None

例如：

```
daf1 = pd.read_excel('D:\\AIW\dianying_info.xlsx', sheet_name='信息1')
print('输出: ', '\n', daf1)
```

（2）存储 Excel 文件。

`to_excel()` 函数

功能：将 DataFrame 数据保存为 Excel 文件。

语法格式：

```
DataFrame.to_excel(excel_writer,sheet_name='Sheet1',na_rep='N/A',heaer=True,index=True,index_label=None,mode='w',encoding=None)
```

语法中的参数说明如表 3-10 所示。

表 3-10　存储 Excel 文件语法参数说明

参 数 名 称	参 数 说 明
excel_writer	接收 string，表示保存的文件名和路径
sheet_name	接收 string，表示保存到 Excel 表内数据的分表名称，默认为 None
na_rep	接收 string，表示缺失值，默认为 ""
header	接收 boolean，表示是否将列名写出，默认为 True
index	接收 boolean，表示是否将行名（索引）写出，默认为 True
index_label	接收 sequence，表示索引名，默认为 None
mode	接收特定的 string，表示数据写入的模式，默认为 "w"
encoding	接收特定的 string，指定编码格式

例如：

```
data={'电影名称':['满江红','流浪地球2','消失的她','坚如磐石','孤注一掷','前任4:英年早婚'],'导演':['张艺谋','郭帆','崔睿','张艺谋','申奥','田羽生'],'累计票房(万元)':[454434,402914,352397,135150,384878,101221],'上线时间':['2023.1.22','2023.1.22','2023.8.21','2023.9.28','2023.8.8','2023.9.28'],'下线时间':['2023.4.15','2023.4.15','2023.10.21','2023.12.28','2023.11.7','2023.12.28'],'类型':['悬疑,喜剧','科幻,冒险','悬疑,犯罪','剧情,犯罪','犯罪,剧情','爱情,喜剧']}
daf=pd.DataFrame(data)
daf.to_excel('D:\\AIW\dianying1_info.xlsx',index=False)
```

2）读取/存储文本文件（以 CSV 文件为例）

（1）读取 CSV 文件。

```
read_csv() 函数
```

功能：从文件、文件型对象、URL 中读取带分隔符的数据，默认分隔符为逗号。

语法格式：

```
Pandas.read_csv(file,sep,header,names,index_col,dtype,encoding,engine,nrows)
```

语法中的参数说明如表 3-11 所示。

表 3-11　读取 CSV 文件语法参数说明

参数名称	参 数 说 明
file	接收 string，CSV 或 TXT 的文件名和路径
sep	接收 string，表示分隔符，默认为逗号
header	接收 int 或 sequence，表示将某行数据作为列名，默认为 infer
names	接收 array，表示列名，默认为 None
index_col	接收 int、sequence 或 False，表示索引列的位置，取值为 sequence 则代表多索引，默认为 None
dtype	接收 dict，代表写入的数据类型（列名为 key，数据格式为 values，默认为 None）

续表

参数名称	参 数 说 明
engine	接收 C 或 Python，表示数据解析引擎，默认为 C
nrows	接收 int，表示读取前 n 行，默认为 None
encoding	表示文件的编码方式，常用的编码方式有 UTF-8、GBK、GB2312 等

例如：

```
daf2=pd.read_csv('D:\AIW\dianying.csv',encoding='GBK')
print('输出：', '\n', daf2)
```

（2）存储 CSV 文件。

to_csv() 函数

语法格式：

```
DataFrame.to_csv(path_or_buf=None,sep=',',na_rep='',columns=None,heaer=
True,index=True, index_label=None,mode='w' ,encoding=None)
```

语法中的参数说明如表 3-12 所示。

表 3-12　存储 CSV 文件语法参数说明

参 数 名 称	参 数 说 明
path_or_buf	接收 string，表示保存的文件名和路径
sep	接收 string，表示分隔符，默认为逗号
na_rep	接收 string，表示缺失值，默认为 ""
columns	接收 list，表示写出的列名
header	接收 boolean，表示是否将列名写出，默认为 True
index	接收 boolean，表示是否将行名（索引）写出，默认为 True
index_label	接收 sequence，表示索引名，默认为 None
mode	接收特定的 string，表示数据写入的模式，默认为 "w"
encoding	接收特定的 string，表示存储文件的编码格式

例如：

```
daf2.loc[9]=['开山人',68.81,0.008,0.001,57.7,0.925,'剧情']
daf2.to_csv('D:\AIW\dianying1.csv',encoding='GBK')
```

3.2.3　Pandas 数据预处理

1. 数据清洗

数据清洗是指发现并处理数据中空值、重复值等错误，检测异常值，检查数据一致性，为数据分析打基础。

1）重复值处理

重复数据指行重复，数据结构中所有列的内容均相同。重复值处理参考表 3-13 函数说明。

表 3-13 重复值处理函数说明

函　　数	功能及语法格式	参　数　说　明
duplicated( )	标记 Series 中的值、DataFrame 中的记录行是否重复，重复 True, 不重复 False Pandas.DataFrame.duplicated(subset=None, keep= "first") 或 Pandas.Series.duplicated (keep= "first")	subset：接受 string 或 sequence，重复的列标签或列标签序列，默认为列标签 keep：特定 string first：除第一次出现外，其余相同的重复项标记为 True last：除最后一次出现外，其余相同的重复项标记为 True False：将所有重复项标记为 True，默认 first
drop_duplicates( )	删除 Series、DataFrame 中重复记录，并返回删除重复后的结果 Pandas.DataFrame.drop_duplicates()(subset=None, keep= "first",inplace=False) 或 Pandas.Series. drop_duplicates()(keep= "first",inplace=False) 注意：常和 reset_index() 结合使用，以调整行索引 yx1=yx1.drop_duplicates().reset_index().drop('index',axis=1)	subset、keep 两个参数同上 inplace：特定 boolean True：直接修改原对象 False：创建副本，修改副本

2）缺失值处理

Pandas 中 NaN 表示浮点数和非浮点数组中的缺失值，None 表示 python 中内置缺失值。缺失值处理流程：判断缺失值是否存在，再对其删除或填充等处理。

（1）判断空值或缺失值。函数说明如表 3-14 所示。

表 3-14 判断空值或缺失值函数说明

函数	功能及语法格式	参数说明
isnull( )	检查空值或缺失值的对象，有空值或缺失值返回 True，否则返回 False isnull(obj)	obj：数组或标题
notnull( )	检查不是空值或缺失值的对象，有空值或缺失值返回 False，否则返回 True notnull(obj)	obj：对象值或数组

（2）处理空值或缺失值。函数说明如表 3-15 所示。

表 3-15 处理空值或缺失值函数说明

解决方法	函数	功能及语法格式	参　数　说　明
删除含有空值或缺失值	dropna( )	删除含有空值或缺失值的数据 DataFrame.dropna(axis,how,thresh,subset,inplace)	axis：方向。0 按行删除，1 按列删除，默认为 0 how：all（一行或一列元素全为空值或缺失值时删除对应行或列），any（一行或一列中只要有空或缺失值就删除）。默认为 any thresh：一行或一列中至少出现 thresh 个才删除 subset：某些列的子集中选择出现了空值或缺失值的列删除，不在子集中的不考虑 inplace：新数据存为副本还是在原数据上修改（False 存为副本，True 在原数据直接修改。默认为 False）

续表

解决方法	函数	功能及语法格式	参数说明
数据插补	fillna()	对空值或缺失值填充 DataFrame.fillna(value,method, axis,inplace,limit,downcast,**kwargs)	value: 常数、dict、Series、DataFrame 等 method: 填充缺失值的方法 limit: 限制填充的个数 downcast: 默认为 None
不处理空值或缺失值	—	—	—

2. 日期转换

`to_datetime()` 函数

功能：将字符型日期格式转换为日期型格式。
语法格式：

`pd.to_datetime(dateString,format)`

其中，
dateString: 字符型时间列。
format: 时间日期格式。
例如：

```
yxl['上线时间'] = pd.to_datetime(yxl['上线时间'])
yxl['下线时间'] = pd.to_datetime(yxl['下线时间'])
```

3. 字符串处理（Series 类）

函数说明如表 3-16 所示。

表 3-16　字符串处理函数说明

函数	功能及语法格式	参数说明
split()	根据分隔符或正则表达式对字符串拆分 Series.str.split(pat=None,n=-1,expand=False)	pat: 要拆分的字符串或正则表达式，未指定则拆分空格 n: 限制输出中的分割数 expand: 将拆分的字符串展开为列
cat()	元素级字符串连接 Series.str.cat(others,sep,na_rep)	others: Series、DataFrame、np.ndarray 等类似字符串的列表 sep: 连接分隔符，string 或 None（默认值） na_rep: 默认值 None，序列中的 NaN 值被忽略，也可以用指定的字符代替
strip()	删除字符串左右两侧中空格（包括换行符）或一组指定的字符 Series.str.strip(self,to_strip=None)	to_strip:None 或 str，默认为 None

续表

函数	功能及语法格式	参 数 说 明
len()	计算字符串长度 Series.str.len()	—
join()	根据指定的分隔符将 Series 中各元素的字符串连接起来 Series.str.join()	—

4. 修改 DataFrame 数据的行名和列名

函数：rename()

语法格式：

```
DataFrame.rename(mapper=None,index=None,columns=None,axis=None,copy=None,inplace= False,level= None )
```

参数说明见表 3-17。

表 3-17　修改 DataFrame 数据的行名和列名参数说明

参数名称	参 数 说 明
mapper	接收 dict 或 function，将 dict 或 function 转换为应用于该轴的值
index	
columns	
axis	接收 int 或 str，可以是列索引名称或序号
copy	boolean，是否复制数据
inplace	接收 boolean，默认为 False，True 会修改原数据
level	接收 int 或 level name

例如：

```
# 修改'累计票房（万元）'列的名称为'累计票房'
fz.rename(columns={'累计票房（万元）':'累计票房'},inplace=True)
```

3.3　Matplotlib——数据可视化工具

3.3.1　Matplotlib 概述

1. 简介

Matplotlib 是 Python 中一款免费并且应用性较好的数据可视化工具，是一种用于创建图表的绘图工具库。Matplotlib 是专门用于创建 2D 图表的扩展库，不仅能让用户轻松地将数据图形化，还能提供多样化的输出格式。使用 Matplotlib 的主要优势在于：使用简单，能以交互式方式实现数据可视化，可输出 JPG、PNG、ESP 等多种文件格式，能较好控制图像元素，能较好与 Python 中如 Pandas、NumPy 库配合使用。

2. Matplotlib 的安装和测试

安装 Matplotlib 之前，先要安装 Python。Python 的默认安装环境下未安装 Matplotlib，Matplotlib 是 Python 的一个独立模块。

1）测试 Python 中是否已安装 Matplotlib

（1）按 Win+R 组合键，进入 cmd 命令窗口，输入 python 命令，按 Enter 键，进入 Python 命令窗口。

（2）在 Python 命令窗口中输入 import matplotlib 命令，导入 Matplotlib 模块。

（3）若窗口中出现 ModuleNotFoundError: No module named “matplotlib” 的提示，则需要安装 Matplotlib 软件包，否则代表已安装了 Matplotlib 软件包。

2）在 Windows 操作系统下安装 Matplotlib 软件包

（1）按 Win+R 组合键，进入 cmd 命令窗口。

（2）在 cmd 命令窗口中输入 pip install matplotlib 或 pip install -i https://pypi.tuna.tsinghua.edu.cn/simple matplotlib 命令，按 Enter 键，开始安装 Matplotlib 模块，安装界面如图 3-7 所示。

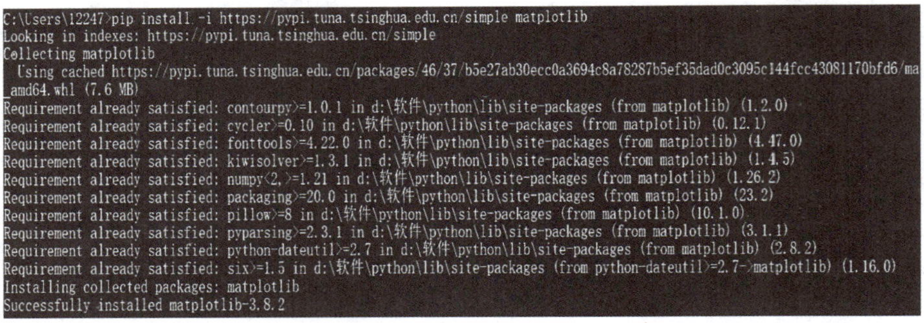
```
C:\Users\12247>pip install -i https://pypi.tuna.tsinghua.edu.cn/simple matplotlib
Looking in indexes: https://pypi.tuna.tsinghua.edu.cn/simple
Collecting matplotlib
  Using cached https://pypi.tuna.tsinghua.edu.cn/packages/46/37/b5e27ab30ecc0a3694c8a78287b5ef35dad0c3095c144fcc43081170bfd6/ma
_amd64.whl (7.6 MB)
Requirement already satisfied: contourpy>=1.0.1 in d:\软件\python\lib\site-packages (from matplotlib) (1.2.0)
Requirement already satisfied: cycler>=0.10 in d:\软件\python\lib\site-packages (from matplotlib) (0.12.1)
Requirement already satisfied: fonttools>=4.22.0 in d:\软件\python\lib\site-packages (from matplotlib) (4.47.0)
Requirement already satisfied: kiwisolver>=1.3.1 in d:\软件\python\lib\site-packages (from matplotlib) (1.4.5)
Requirement already satisfied: numpy<2,>=1.21 in d:\软件\python\lib\site-packages (from matplotlib) (1.26.2)
Requirement already satisfied: packaging>=20.0 in d:\软件\python\lib\site-packages (from matplotlib) (23.2)
Requirement already satisfied: pillow>=8 in d:\软件\python\lib\site-packages (from matplotlib) (10.1.0)
Requirement already satisfied: pyparsing>=2.3.1 in d:\软件\python\lib\site-packages (from matplotlib) (3.1.1)
Requirement already satisfied: python-dateutil>=2.7 in d:\软件\python\lib\site-packages (from matplotlib) (2.8.2)
Requirement already satisfied: six>=1.5 in d:\软件\python\lib\site-packages (from python-dateutil>=2.7->matplotlib) (1.16.0)
Installing collected packages: matplotlib
Successfully installed matplotlib-3.8.2
```

图 3-7 Matplotlib 安装界面

（3）在 PyCharm 中安装 Matplotlib 软件包。打开 PyCharm，选择菜单命令 File → Settings → Project 项目名 → Python Interpreter，双击 Package 列表框中的任意已安装的软件包，或单击左上角加号（+），打开 Available Packages 窗口，在搜索框内输入 matplotlib → Install Package 命令。

3）导入 Matplotlib 库

```
import matplotlib as mp
```

3. Matplotlib 绘图基础

1）pyplot 子库

pyplot 是 Matplotlib 的子库，可使用 pyplot 子库创建 2D 图表。

导入 pyplot 子库：

```
import matplotlib.pyplot as plt
```

2）pyplot 子库绘图步骤
（1）创建绘图对象（画布）：

```
fig=plt.figure()    # figure 对象
```

（2）添加分区：

```
ax=fig.add_subplot()
```

（3）添加各类标签、图例、标题、x 轴（y 轴）数值范围。
（4）保存和显示图形：

```
plt.savefig()
plt.show()
```

3.3.2 Matplotlib 绘图

1. Matplotlib 参数配置

```
rcParams() 函数
```

语法格式：

```
plt.rcParams()
```

功能：使用 rc 配置文件自定义图形的各种默认属性，包括窗体大小、每英寸的点数、线条宽度、颜色、样式、坐标轴、坐标和网络属性、文本、字体等。参数说明如表 3-18 所示。

表 3-18　Matplotlib 参数说明

属　　性	说　　明
axes.unicode_minus	字符显示
font.sans-serif	设置字体
xtick_labelsize/xtick.major.size	横轴字体大小 / 横轴最大刻度大小
ytick_labelsize/ytick.major.size	纵轴字体大小 / 纵轴最大刻度大小
line.linestyle/lines.linewidth	线条样式 / 线条宽度
figure.dpi/figure.figsize/savefig.dpi	图像分辨率 / 图像显示大小 / 图片像素

例如：

```
# 设置正常显示中文和负号
plt.rcParams['font.sans-serif']=['Microsoft YaHei']
plt.rcParams['axes.unicode_minus']=False
```

2. 常用图形类型

常用图形类型如表 3-19 所示。

表3-19 常用图形类型

常用图形类型	功能、语法格式及案例	参 数 说 明
折线图	呈现因变量随自变量改变的趋势，呈现出数量的差异和趋势的变化 plt.plot(*args,**kwargs) 例：plt.plot(type_price5 [' 类 型 '],type_price5 [' 累计票房 (万元)'],"r")	x,y:x 轴和 y 轴对应的数据，接收 array color: 线条的颜色，接收特定 string，默认 None linestyle: 线条的类型，接收特定 string，默认 "-" marker: 绘制的点的类型，接收特定 string，默认 None alpha: 点的透明度，接收 0~1，小数，默认 None
散点图	以一个变量为横坐标，另一个变量为纵坐标，利用散点的分布形态反映变量间的统计关系 plt.scatter(x,y,s=None,c=None, marker=None,cmap=None,norm=None,vmin=None,vmax=None, alpha=None,linewidths=None,*, edgecolors=None, plotnonfinite=False, data=None, **kwargs) 例： plt.scatter(film_tp[' 类 型 '],film_tp [' 统 计 ']/film_tp [' 统 计 '].sum(),c='b',marker='v')	x,y: x 轴和 y 轴对应的数据，接收 array c: 线条的颜色，接收特定 string，默认 None s: 指定点的大小，接收数值或一维的 array marker: 绘制的点的类型，接收特定 string，默认 None alpha: 点的透明度，接收 0~1，小数，默认 None
柱状图（条形图）	由一系列高度不同的纵向条纹呈现数据分布的情况 plt.bar(x,height,width,bottom,align,data,**kwargs) 例： plt.bar(type_price5[' 类型 '],type_price5 [' 累计票房 (万元)'],color='c')	x: 柱体放置的 x 轴坐标，接收浮点型或类数组对象 height: 柱体高度，接收浮点型或类数组对象 width: 柱体宽度，接收浮点型或类数组对象，默认值 0.8 bottom: 柱体 y 轴的起始位置，接收浮点型或类数组对象，默认值 0 align: 柱体与 x 的对齐方式
饼图	呈现一数据系列中各项的大小及其在各项总和中所占的比例，能呈现出部分与整体、部分与部分之间的比例关系 pie(x,explode=None,labels=None, colors=None, autopct=None, pctdistance=0.6,shadow=False, labeldistance=1.1, startangle=None,radius=None,counterclock=True, wedgeprops=None, textprops=None, center=(0,0),frame=False, rotatelabels=False,hold=None, data=None) 例： plt.pie(film_tp[' 统计 '],labels=film_tp[' 类型 '],textprops={'fontsize': 10, 'color': 'black'},autopct='%1.2f%%',shadow=False)	x: 绘制饼图的数据，接收 array，无默认值 labels: 指定每项的名称，接收 array，默认 None explode: 距离中心距离，默认 None shadow: 在饼图下面画一个阴影，默认 False autopct: 控制饼图内百分比设置，可使用 format 字符串或者 format function '%1.1f' 指小数点后位数 (没有用空格补齐) radius: 控制饼图半径，默认值为 1

3. 常用 color 参数颜色缩写

颜色缩写如表 3-20 所示。

表 3-20 颜色缩写

缩写	颜色	缩写	颜色
b	蓝色	g	绿色
m	品红	y	黄色
k	黑色	c	青色
r	红色	w	白色

4. 各类标签和图例

各类标签和图例的函数及说明如表 3-21 所示。

表 3-21 标签和图例的函数及说明

函数	说明	函数	说明
xlabel()/set_xlabel()	x 轴的名称	ylim()/set_ylim()	y 轴的数值范围
ylabel()/set_ylabel()	y 轴的名称	xticks()/set_xticks()	x 轴刻度的数目与取值
title()/set_title()	图表的标题	yticks()/set_yticks()	y 轴刻度的数目与取值
xlim()/set_xlim()	x 轴的数值范围	legend()	图例

5. 创建子图——通过 figure 的 add_subplot

1）步骤

创建 figure→创建多个 axes，用 add_subplot() 函数→用 axes 画图。

2）函数 add_subplot()

语法格式：

```
add_subplot(nrows,ncols,index,**kwargs)
```

其中，nrows 为行数，ncols 为列数，index 为子图的位置。

例如：

```
fig = plt.figure(figsize=(16,16))                    # 创建画布
fig.subplots_adjust(wspace=0.3,hspace=0.4)           # 设置子图间距
# 添加子图
ax_1 = fig.add_subplot(2,2,1)
ax_2 = fig.add_subplot(2,2,2)
ax_3 = fig.add_subplot(2,2,3)
ax_4 = fig.add_subplot(2,2,4)
# 饼图电影类型统计
ax_1.set_title("电影类型统计饼图",fontsize=12)
ax_1.pie(film_tp['统计'],labels=film_tp['类型'],textprops={'fontsize':
10, 'color': 'black'},autopct='%1.2f%%',shadow=False)
```

3.4 案例：抽象艺术数据可视化

1. 案例设计思路

本案例将展示如何使用 Python 的三个主要库：NumPy、Pandas 和 Matplotlib，创建一个以艺术风格为主题的数据可视化项目。本项目将生成一个"抽象艺术品"数据集，处理

和分析这些数据，并使用 Matplotlib 进行视觉呈现。最终的图形将模拟艺术品风格，创建有趣和美观的可视化效果。整个程序分为以下三个主要部分。

1）数据生成

使用 NumPy 库随机生成模拟的艺术作品数据集。这个数据集包括颜色（RGB 值）、形状（圆形、矩形、线条等），以及这些形状在画布上的位置坐标。

2）数据处理

使用 Pandas 库对生成的数据进行分析和处理。例如，计算每种形状的比例，以及每种颜色的平均值。

3）数据可视化

使用 Matplotlib 库创建一个模拟艺术品的画布，并根据处理后的数据绘制对应的形状。最终输出的是一个模拟抽象艺术品的图形。

2. 编写程序

程序如下：

```python
import NumPy as np                          # 导入 NumPy 库，用于生成随机数据
import Pandas as pd                         # 导入 Pandas 库，用于数据处理
import Matplotlib.pyplot as plt             # 导入 Matplotlib 库，用于数据可视化
from Matplotlib.patches import Circle, Rectangle  # 导入 Matplotlib 中的图
                                                    # 形绘制工具

# 1. 数据生成
np.random.seed(0)                  # 设置随机种子，以保证每次运行生成的随机数据相同
# 生成随机颜色数据 (RGB values)
colors = np.random.randint(0, 255, size=(100, 3))  # 生成 100 组 RGB 颜色，每
                                                    # 个值在 0 到 255 之间

# 生成随机形状数据
shapes = np.random.choice(['circle', 'rectangle', 'line'], size=100)
                        # 从 'circle', 'rectangle', 'line' 中随机选择 100 次
# 生成位置数据
positions = np.random.randint(0, 100, size=(100, 2))
                        # 生成 100 个形状的坐标位置，每个坐标在 0 到 100 之间
# 创建 DataFrame
art_data = pd.DataFrame({     # 将生成的数据组织成 Pandas 的 DataFrame 格式
    'Shape': shapes,           # 形状列
    'Color_R': colors[:, 0],   # 红色值列
    'Color_G': colors[:, 1],   # 绿色值列
    'Color_B': colors[:, 2],   # 蓝色值列
    'X_Pos': positions[:, 0],  # x 轴位置列
    'Y_Pos': positions[:, 1]   # y 轴位置列
})
# 2. 数据处理
# 计算每种形状的比例
shape_distribution = art_data['Shape'].value_counts(normalize=True)
                                # 计算每种形状出现的比例
# 计算每种颜色的平均值
average_color = art_data[['Color_R', 'Color_G', 'Color_B']].mean()
                                # 计算颜色 RGB 值的平均值
```

第 3 章 数据处理与可视化

```python
# 3. 数据可视化
fig, ax = plt.subplots(figsize=(10, 10))    # 创建一个 10×10 的画布
ax.set_xlim(0, 100)                          # 设置 x 轴范围为 0 到 100
ax.set_ylim(0, 100)                          # 设置 y 轴范围为 0 到 100
# 绘制图形
for index, row in art_data.iterrows():       # 逐行遍历 DataFrame 中的数据
    color = (row['Color_R'] / 255, row['Color_G'] / 255, row['Color_B'] /
    255)                                     # 将 RGB 值归一化到 0~1
    if row['Shape'] == 'circle':             # 如果形状是圆形
        circle = Circle((row['X_Pos'], row['Y_Pos']), radius=5, color=
        color, alpha=0.6)                    # 则创建一个圆形
        ax.add_patch(circle)                 # 将圆形添加到画布上
    elif row['Shape'] == 'rectangle':        # 如果形状是矩形
        rect = Rectangle((row['X_Pos'], row['Y_Pos']), width=8,
        height=8, color=color, alpha=0.6)    # 则创建一个矩形
        ax.add_patch(rect)                   # 将矩形添加到画布上
    elif row['Shape'] == 'line':             # 如果形状是线条
        ax.plot([row['X_Pos'], row['X_Pos'] + 10], [row['Y_Pos'],
        row['Y_Pos'] + 10], color=color, lw=2)   # 则绘制线条
# 设置标题和标签
ax.set_title('Abstract Art Simulation')      # 设置图像标题
ax.set_xlabel('X Position')                  # 设置 x 轴标签
ax.set_ylabel('Y Position')                  # 设置 y 轴标签
# 显示图形
plt.show()                                   # 显示绘制的图形
```

运行结果如图 3-8 所示

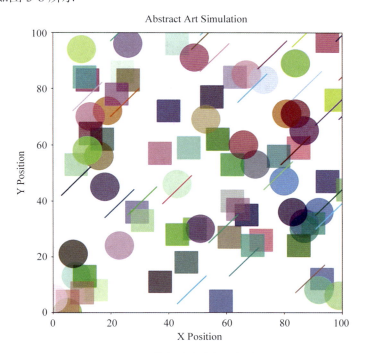

图 3-8 抽象艺术数据可视化

3.5 小结

本章内容重点介绍了 Python 中三个常用的科学计算和数据分析库——NumPy、Pandas 和 Matplotlib 的基本概念、安装方法以及应用场景。

首先，NumPy 是 Python 中用于处理多维数组和矩阵运算的基础科学计算库。它不仅提供了高效的数组运算工具，还能与 PIL 库结合处理图像，实现图像的亮度、灰度等操作。NumPy 中的数组对象和数学运算功能大大提升了数据处理的效率。

其次，Pandas 是基于 NumPy 开发的数据分析库，主要提供了类似于电子表格的数据结构——Series 和 DataFrame。Pandas 库能够读取、处理和分析各种类型的数据，支持数据清洗、缺失值处理和复杂的数据分组分析，是进行数据科学研究的重要工具。

最后，Matplotlib 是一个强大的数据可视化工具库，主要用于创建 2D 图表。通过 Matplotlib 库的 pyplot 子库，用户可以绘制折线图、散点图、柱状图和饼图等常见图形，并对图形的样式、颜色和标签进行个性化设置，方便用户对数据进行直观展示和分析。

习题

1. 写出如何导入 NumPy 库并将其简写为 np 的语句。
2. NumPy 中用于读取 TXT 和 CSV 文本文件的函数是什么？
3. 写出在 NumPy 中创建一个元素范围为 0 到 8 的 3 行 3 列数组，并将此数组写入名为 test1.csv 文件中的完整语句。
4. Pandas 的主要数据结构包括哪些？
5. Pandas 中用于读取 Excel 文件的函数是什么？
6. 写出如何导入 Matplotlib 库并将其简写为 mp 的语句。
7. 假设一天中每隔 2 个小时测一次气温（℃）的数据是：
[13,15,14.6,16,20,22,23,23,25,21,18,14]
请使用 Python 编写程序，根据以上气温数据，绘制相应气温变化的折线图。

第 4 章

机器学习基础

本章系统讲解了机器学习的核心概念与算法,主要内容包括:
- 机器学习的基本原理和分类;
- 监督学习和无监督学习的具体方法;
- scikit-learn 工具库的使用;
- 线性回归与分类算法的实现与应用。

本章通过实践案例帮助读者初步建立机器学习模型,理解其基本工作流程。

当你打开淘宝 App 购物时,会发现首页推荐的正是你考虑购买的商品;当你打开微博时,会发现推荐的博文正是你最近关注的信息点;当你利用百度或其他引擎搜索时,会给出相关内容的排序。可能你会诧异自己正被各类购物、社交等平台监视着。其实类似的这种推荐、信息排序等是计算机算法实施的结果,是机器学习在某些方面的应用。

什么是机器学习?它是如何高效工作、解读用户需求并给出一些建议的?它在发挥作用的过程中涉及哪些方面的知识?它又是如何做到逐步精准反馈用户建议的?本章将解读这些问题。

4.1 机器学习概述

机器学习是人工智能领域发展较快的分支之一,本节将介绍机器学习的定义、结构、分类、主要术语和应用等内容,以达到让读者从多个维度理解机器学习的目的。

4.1.1 机器学习的定义

机器学习是指机器模拟人类智能行为，具备像人类一样从数据中学习的能力，而无须显式编程。它通过数据挖掘寻找有用知识，并训练模型来进行预测。从实际应用来看，机器学习通过算法模型从数据中学习模式或规则，能够完成判断、预测和分组等任务，帮助更好地解决实际问题。

4.1.2 机器学习的基本原理

1. 机器学习的两个阶段

机器学习分为"训练"和"预测"两个阶段，如图 4-1 所示。

（1）训练：将经验数据通过机器学习算法训练（处理）的过程。这个阶段获得"模型"。

（2）预测：利用"模型"对新数据进行预测。

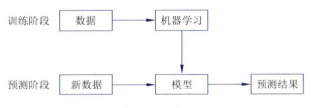

图 4-1　机器学习的两个阶段

2. 机器学习的流程

机器学习的流程如图 4-2 所示。

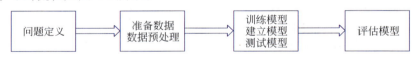

图 4-2　机器学习的流程

1）问题定义

分析实际问题，明确目标确定其类型。

2）准备数据、数据预处理

（1）收集数据：收集生活、生产、工作等累积的大规模有价值的数据。

（2）数据预处理：处理数据重复、缺失、不均衡、异常等不规范数据，对数据规范化处理。

（3）数据集划分：训练集和测试集。

3）训练模型、建立建模、测试模型

使用训练集训练模型，建立模型，测试集测试模型。

4）评估模型

评估模型并对模型优化，安排部署。

4.1.3 机器学习的主要术语

（1）模型：用于处理和学习数据，通过应用机器学习算法从数据中学习。
（2）数据集：用于训练模型的大量数据（文字、图形、图像等）。
（3）标签：对数据集中每一项数据的标记或解释，如在一个由水果图片组成的数据集中，每张照片的标签为水果名称。
（4）训练：让模型从已做好标签的数据集中学习的过程。
（5）训练集：用于学习的数据集。
（6）测试：检阅模型是否学会了某件事。
（7）测试集：用于测试的数据集。
（8）预测：模型成熟，可以将其应用于解决实际问题。
（9）特征：数据的独特的可测量属性，如水果预测中，颜色、味道等特征。
（10）样本：一个数据集的一行内容。

4.1.4 机器学习的算法分类

机器学习的算法分类如表 4-1 所示。

表 4-1 机器学习的算法分类

主要算法	学习任务				学习方式			
	分类问题	聚类问题	回归问题	降维问题	监督学习	无监督学习	半监督学习	强化学习
线性回归			是		是			
逻辑回归	是				是			
决策树	是		是		是			
贝叶斯方法	是		是		是			
朴素贝叶斯方法	是				是			
K-近邻（KNN）	是				是			
神经网络	是		是		是	是		
支持向量机（SVM）	是				是			
K-Means		是				是		
深度学习	是	是			是	是		
主成分分析（PCA）				是		是		
图论推理算法	是		是				是	
拉普拉斯（SVM）	是		是				是	
Q-Learning	是	是	是					是
时间差学习	是	是	是					是

4.1.5　机器学习的主要应用领域

机器学习广泛应用于产品推荐、图像识别、搜索引擎、自动驾驶、自然语言处理、语音识别等领域。

4.2　监督学习与无监督学习

4.2.1　监督学习

1. 监督学习的概念

监督学习是一种有指导的学习方式,计算机通过从有标签的训练集中学习并生成模型,用于对新数据进行预测。在监督学习中,训练集由输入特征和预期输出标签组成的样本对构成。首先,计算机利用这些有标签的样本学习输入特征与输出标签之间的关系,进而生成模型。其次,模型用于预测测试样本的标签。简而言之,监督学习通过学习有标签样本,对未知数据进行预测。

2. 监督学习的分类

1)回归

针对数值型连续数据进行建模和预测,通过数据预测一连续的数值或范围的输出。

例如,在某一出版社,预测一本图书的定价。给出图书定价的数据集,每本图书字数多少等特征数据对应的标签就是定价,如果你有一本图书在该出版社出版,你想知道定价多少,那么可以利用机器学习算法根据输入的图书字数数据,预测出图书对应的定价。

2)分类

针对离散型数据进行建模和预测,通过数据预测一组离散值的输出结果,其目标是预测样本的分类标签。分类可理解为给数据贴标签的过程,分类的目标是让计算机通过经验学习具备正确贴标签的能力。

例如,将图片分类为"小狗"和"小猫",准确识别新图片上的动物是"小狗"类还是"小猫"类。

3. 监督学习的基本原理

下面以对一组小狗和小猫图片分类为例说明监督学习的基本原理,如图4-3所示。

(1)把一组小狗和一组小猫图片作为算法的输入数据,前提是我们已给相应图片标注了正确的小狗、小猫的标签。

(2)通过监督学习算法的训练学习,算法找出了图片和标签之间的关系,这时我们得到了一个能辨别小狗和小猫的训练模型。

(3)当把一张未知标签的图片输入训练模型时,此模型能告知此图片的正确标签(类别)。

4. 监督学习的基本流程

(1)确定训练数据集。根据要解决的问题确定使用的样本数据。例如,为解决图书定价问题,可以选择该出版社一些图书的定价数据。

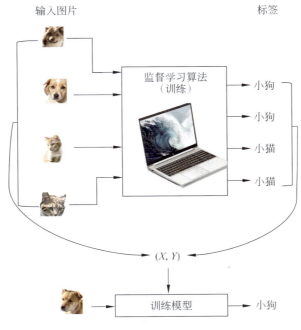

图 4-3 监督学习的基本原理

（2）收集训练样本数据。此样本数据一般能表征事物特征。可以由专业人士输入或测量得到对应的数据。

（3）确定学习输入特征的表示方法。学习模型的准确度在某种程度上信赖于输入数据的表示形式，所以，输入数据的特征个数不宜太多，但数据要足够多。

（4）确定要学习的方法及对应的学习算法所使用的学习器类型。

（5）训练模型。

（6）评估选择模型。

（7）模型预测。

4.2.2 无监督学习

1. 无监督学习的概念

无监督学习是指计算机在学习完成任务的过程中无指导地学习。无监督学习的数据无标签处理，计算机要从中学习寻求结构，并对此预测分析。在无监督学习中，数据的类型、属性等处于未知状态，计算机要通过学习找出这些数据的结构及数据间的关联，并对这些数据划分合适的类别。总之，无监督学习是全部由算法判定如何预测结果的一种机器学习方式。

2. 无监督学习的分类

聚类是指根据数据结构及数据内部关联寻求预测数据的类群。在数据没有相应标签值的前提下，把相似或相近数据区分到同一种类，把不相似或不相近数据区分到不同种类。

例如，用户在微博上经常看一些网友发布的有关中医的文章，算法会自动给出网友的分组，当这个分组或相似组内的网友发微博时，会给出提示。

3. 无监督学习的基本原理

下面同样以对一组小狗和一组小猫图片分类为例,说明无监督学习的基本原理,如图 4-4 所示。

(1)把一组小狗和一组小猫图片作为无监督学习的输入数据,前提是我们未给图片标注类别标签。

(2)通过无监督学习算法的训练学习,计算机通过学习找出图片间隐性的内部结构之间的关联,根据这种结构关联把图片分成第一类和第二类,得出训练模型。

(3)当把一张未知的图片输入训练模型时,此模型能告知此图片属于第一类还是第二类。

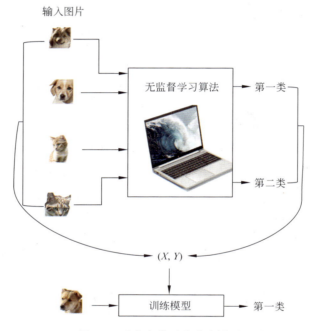

图 4-4　无监督学习的基本原理

4. 无监督学习的基本流程

无监督学习的基本流程如图 4-5 所示。

图 4-5　无监督学习的基本流程

4.3　scikit-learn 机器学习库

4.3.1　scikit-learn 概述

1. 简介

scikit-learn 简称 sklearn,是面向 Python 且免费用于机器学习的一个模块,包括了许多机器学习的算法。scikit-learn 库于 2010 年正式发布，是 SciPy 的一部分，是为科学计算、数据分析创建的工具包。scikit-learn 支持 SciPy 和 NumPy 的数据结构，支持 Matplotlib 库。scikit-learn 包括回归、分类、聚类、数据降维、数据预处理、模型选择等机器学习算法。

2. scikit-learn 的安装和导入

1）测试 Python 中是否已安装 scikit-learn

（1）按 Win+R 组合键，进入 cmd 命令窗口，输入 Python 命令，按 Enter 键，进入 Python 命令窗口。

（2）在 Python 命令窗口中输入 import sklearn 命令，导入 scikit-learn 模块。

（3）若窗口中出现 ModuleNotFoundError: No module named "scikit-learn" 的提示，则需要安装 scikit-learn 软件包，否则代表已安装了 scikit-learn 软件包。

2）在 Windows 操作系统下安装 scikit-learn 软件包

（1）按 Win+R 组合键，进入 cmd 命令窗口。

（2）在 cmd 命令窗口中输入 pip install scikit-learn 或 pip install -i https://pypi.tuna.tsinghua.edu.cn/simple scikit-learn，按 Enter 键，开始安装 scikit-learn 模块，安装界面如图 4-6 所示。

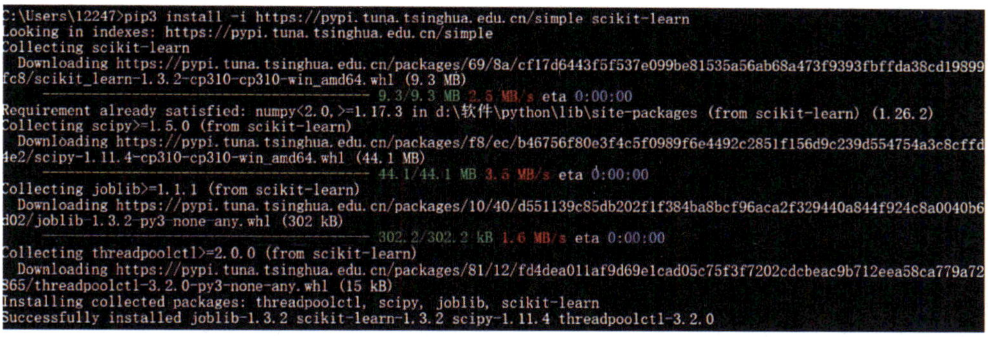

图 4-6　scikit-learn 安装界面

（3）在 PyCharm 中安装 scikit-learn 软件包。打开 PyCharm，选择菜单命令 File → Settings → Project 项目名→ Python Interpreter，双击 Package 列表框中的任意已安装的软件包，或单击左上角加号（+），打开 Available Packages 窗口，在搜索框内输入 scikit-learn → Install Package 命令。

3. 导入 scikit-learn 库

```
import sklearn
```

4.3.2　scikit-learn 机器学习工作流程

1. 数据集准备阶段

这一阶段的主要任务是进行数据清洗、数据特征提取、数据集的划分（训练数据集和测试数据集）。

2. 模型选择阶段

这一阶段的主要任务是根据问题选择适配的机器模型。

3. 模型训练阶段

这一阶段的主要任务是确定参数训练模型。

4. 模型测试阶段

这一阶段的主要任务是用测试数据集测试、识别验证。

4.4 线性回归

4.4.1 线性回归概述

线性回归是机器学习中最简单、最基础的一种监督学习算法。线性回归以线性模型建立自变量和因变量关系，包含简单线性回归（自变量仅一个）和多重线性回归（自变量多于一个）两种类型。线性回归模型中，模型的参数通过训练估计得出，最小二乘法是最常用的一种数据拟合方法。

线性回归是应用较为广泛的一种回归分析算法，主要用于预测和解释两种情况。拟合训练数据集后用于预测自变量对应的因变量称为预测。量化因变量与自变量间的关系依赖程度称为解释。

4.4.2 线性回归算法基本原理

线性回归算法是一种通过拟合自变量和因变量间最佳线性关系以达到预测目标变量的方法。下面以图书定价为例加以阐述。

一本图书的定价受多个因素影响，例如，出版社、图书种类、字数、页数、印刷方式、开本等。简单化后，假设定价仅受图书字数一个因素的影响。先搜集一些图书字数和对应定价的数据（样本数据），然后将数据可视化如图 4-7 所示。

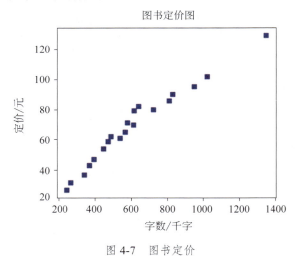

图 4-7　图书定价

观察图中数据规律，尽可能考虑用一条曲线准确地拟合表中的数据。当有新的图书字数数据（输入），我们可以给出（输出）在曲线上此数据（x轴上某一点）对应的定价数据（y轴上对应点）。我们观察到数据点在一条直线附近，先画出一条直线，尽可能使此直线经过更多的点，如图4-8所示。通过学习有标签的样本，对新的数据做出预测是监督学习，根据样本数据预测出的结果可绘制一条直线，即线性回归。经过反复训练，如果能通过构建模型得到这样的直线，那么当我们给出待出版图书的字数时便可以得到此图书的定价，问题将得以解决。

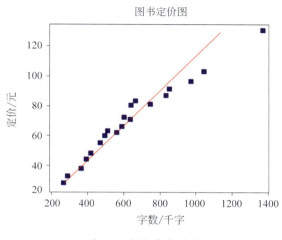

图4-8　拟合直线（1）

线性回归的目的是建立一个假设的形如 y=ax+b 一次方程预测目标值，整个过程实际上是求 a，b 系数的过程。要根据已有的数据集，构造一个函数拟合此数据集，尽量让数据点到直线的距离之和最小。

4.4.3　线性回归算法应用

本案例实现图书定价评估，在同一出版社、相同黑白印刷方式、开本16开的前提下，根据图书的字数预测图书的定价。

1. 导入库

本案例涉及对数据特征提取、数据可视化操作及使用 scikit-learn 库中的机器学习算法训练等操作。先导入对应的库：

```
import numpy as np
import matplotlib.pyplot as plt
from sklearn import linear_model
```

2. 获取数据

训练模型需要大量的数据，此例为了节省篇幅仅给出20组数据模型训练。训练数据分为输入值和目标值两部分。本案例中图书的字数（千字）为输入值，对应的图书的定价

（元）为输出值：

```
character=[579,340,265,1349,830,812,447,393,488,614,565,538,471,368,
243,615,641,1020,950,724]
price=[71,36.8,31.8,129,90,84.8,54,47,61.8,69.8,65,60.8,58.8,43,27,79,
82,101.8,95,80]
```

3. 绘制散点图，数据可视化

x 轴为图书字数，y 轴为图书定价，绘制散点图如图 4-9 所示。

```
plt.rcParams['font.sans-serif']=['Microsoft YaHei']
plt.rcParams['axes.unicode_minus']=False
plt.figure(figsize=(5,4))
plt.xlabel('字数/千字')
plt.ylabel('定价/元')
plt.title('图书定价图')
plt.scatter(character,price,color='b',marker='s',label='定价')
plt.show()
```

输出：

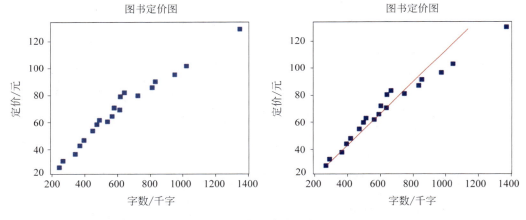

图 4-9 字数定价散点图

4. 观察数据规律

图 4-9 右图中的红色直线是人工添加的。图书样本数据呈现出线性分布，样本点基本均匀分布于直线周围，所以本案例推断可以使用线性回归模型实现。

选用线性回归模型：

```
lin_reg=linear_model.LinearRegression()
```

5. 线性回归模型训练

构建线性回归模型，借助数据训练和测试。训练的目标在于让模型拟合数据，让数据尽可能分布在一条直线上。测试的目标在于评估训练的效果，验证模型的性能。

（1）数据转换：

```
x=np.asarray(character).reshape(-1,1)
print(x.shape)
# print(x)
y=np.asarray(price)
print(y.shape)
# print(y)
```

输出：

```
(20, 1)
(20,)
```

（2）数据拟合线性回归模型训练：

```
lin_reg.fit(x,y)
```

（3）模型训练得到的线性函数，绘制拟合直线：

```
print("线性回归模型系数是: ",lin_reg.coef_)
print("线性回归模型截距是: ",lin_reg.intercept_)
print("完整的线性函数 h(x) 是 :\
{:.2f}x+{:.2f}".format(lin_reg.coef_[0],lin_reg.intercept_))
plt.figure(figsize=(5,4))
plt.scatter(character,price,color='b',marker='s',label='测试集')
plt.plot(x,lin_reg.predict(x),color='r',label='拟合直线')
plt.xlabel('字数／千字')
plt.ylabel('定价／元')
if lin_reg.coef_[0]>0:
    y_str='y={:.2f}+{:.2f}x'.format(lin_reg.intercept_,lin_reg.coef_[0])
else:
    y_str = 'y={:.2f}{:.2f}x'.format(lin_reg.intercept_, lin_reg.coef_[0])
plt.text((max(character)+min(character))/2,150,y_str)
plt.legend(loc='upper left')
plt.show()
```

输出：

```
线性回归模型系数是： [0.09039653]
线性回归模型截距是： 13.043083670385855
完整的线性函数 h(x) 是： 0.09x+13.04
```

6. 新样本预测

根据步骤 5 中的参数和拟合函数，给出一个新的特征数据 x，通过线性回归预测对应的目标值，如图 4-10 所示。

```
cha_num=float(input("请输入出版图书的字数（千字）:"))
x_pre=np.asarray(cha_num).reshape(-1,1)
y_pre=lin_reg.predict(x_pre)
print(f"字数是 {cha_num:.1f}（千字），定价是 {y_pre[0]:.1f}元")
```

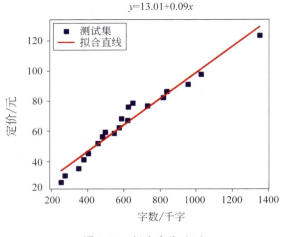

图 4-10　拟合直线（2）

输出：

请输入出版图书的字数（千字）:570
字数是 570.0（千字），定价是 64.6 元

7. 模型评估得分

借助 scikit-learn 库中的 score 方法判定模型的得分。

print("本例模型的得分是：%.2f"%lin_reg.score(x,y))

输出：

本例模型的得分是：0.96

4.5　分类

4.5.1　分类概述

生活中，我们可以使用分类的方法，在一堆猫或狗的图片中，对图片上的动物正确分类。我们在购物结算时，无论是用银行卡支付还是使用支付宝、微信、云闪付等电子方式支付，相关金融机构均可以使用分类方法，甄别是否是我们本人行为并保护账户安全。相比前面的预测某一具体的数值，我们身边更多的可能是判别事物的类别，即我们经常试着预测某一事物的类别归属，这就是分类。

分类算法是一种根据事物的一些特征，将事物划分到对应类别的监督学习算法。分类算法需要标记实例的类别，并且需要所有类别都是确定的，其预测的因变量 y 是一离散的值。

具体来说，分类是在已有数据的基础上构造一个分类模型或经过学习形成一个分类函数，利用此模型或函数把数据映射到已确定类别中的某一个，以便于我们更好理解和预测数据。

4.5.2 分类的工作流程

分类的工作流程如图 4-11 所示。

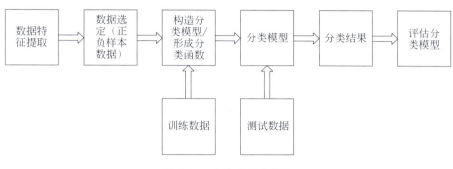

图 4-11 分类的工作流程

1. 数据特征提取

根据分类对象自身特点，考虑相关对象的差异，提取分类对象的有效特征。

2. 正负样本数据

正样本数据是正确分类出的类别所对应的样本数据，负样本数据是指不属于这一类别的样本数据。

3. 分类模型

把样本数据的特征映射到一个预确定的类。

4.5.3 逻辑回归算法

逻辑回归是目前应用广泛的一种分类算法，尤其适用于二分类任务。尽管名字中有"回归"二字，但逻辑回归本质上是一种分类算法。它通过线性回归拟合样本数据，并使用 Sigmoid 函数将预测值映射为概率，再根据设定的阈值（通常是 0.5）判断样本属于某一类别。

逻辑回归的广泛应用涵盖了医疗领域的疾病预测和电商领域的用户购买行为预测。其核心在于将线性回归的输出值通过 Sigmoid 函数转化为概率值，从而判断某一事件发生的可能性。

逻辑回归的基本原理：逻辑回归将线性回归和 Sigmoid 函数结合起来，形成一种有效的分类方法。Sigmoid 函数可以将连续的输出值映射到 0 到 1 之间的概率值，这使逻辑回归能够处理二分类问题。模型通过优化算法（如梯度下降）寻找最优参数，以实现分类效果的最优化。

具体过程如下。

（1）Sigmoid 函数映射：输入值被映射到 0 到 1 之间的概率值。

（2）线性回归预测：利用线性回归模型预测输出值。

（3）概率转化：将预测值通过 Sigmoid 函数转化为概率。

（4）分类决策：根据设定的阈值，确定样本的类别。

4.5.4 逻辑回归的实现

本案例实现预测学生期末考试是否及格。使用雨课堂平台教学过程中，教学课件、测试（练习小测、单元测试等）等教学资源会按时发布，需要学生在限定时间段完成，现根据学生完成课件观看的次数、测试的得分率预测学生期末考试是否及格。

1. 导入库

本案例涉及数据特征样本提取、使用 scikit-learn 库中的机器学习算法训练等操作，所以要先导入对应的库。

```
import numpy as np
from sklearn.linear_model import LogisticRegression
```

2. 获取数据

根据学生在雨课堂的学习情况，确定数据的两个特征：完成课件观看的次数、测试得分率。其中完成课件观看次数为 [0,10] 之间的浮点数，得分率为 [0，1] 之间的浮点数，数值越大得分率越高。定义训练数据集 x_train，目标值 y_train 为考试结果，0 表示不及格，1 表示及格。训练模型需要大量的数据，为了简化案例，现给出学期末雨课堂中 18 组数据进行模型训练。

```
x_train=np.array([(2.8,0.2),(8.4,0.6),(8.8,0.8),(6.4,0.6),(7.1,0.5),
(10,0.8),(8,0.8),(4.8,0.6),(4.4,0.4),(7.5,0.6),(10,0.9),(9,0.8),(9,0.9)
,(3.8,0.2),(4.8,0.4),(7.2,0.9),(4.5,0.2),(10,0.4)])
y_train = np.array([0,1,1,1,0,1,1,1,0,1,1,1,1,0,0,1,0,0])
print('课件观看次数和测试得分率（x_train）：\n', x_train)
```

输出：

```
课件观看次数和得分率（x_train）：
[[ 2.8  0.2]
 [ 8.4  0.6]
 [ 8.8  0.8]
 [ 6.4  0.6]
 [ 7.1  0.5]
 [10    0.8]
 [ 8    0.8]
 [ 4.8  0.6]
 [ 4.4  0.4]
 [ 7.5  0.6]
 [10    0.9]
 [ 9    0.8]
 [ 9    0.9]
 [ 3.8  0.2]
 [ 4.8  0.4]
 [ 7.2  0.9]
```

```
 [ 4.5  0.2]
 [10    0.4]]
```

3. 构建并训练逻辑回归模型

```
logistic_mode = LogisticRegression(solver='lbfgs',C=10)
logistic_mode.fit(x_train,y_train)
```

4. 测试模型并给出模型得分

```
x_test=[(3,0.8),(8,0.6),(7,0.1),(4.5,0.5),(6,0.7)]
y_test=[0,1,0,0,1]
get_score = logistic_mode.score(x_test,y_test)
print('测试模型得分：',get_score)
```

输出：

测试模型得分： 0.8

5. 预测并输出预测结果

```
# 预测并输出预测结果1
learning1 = np.array([(5,0.1)])
result1 = logistic_mode.predict(learning1)
result_pro1 = logistic_mode.predict_proba(learning1)
print('课件观看次数：{0}，测试得分率为：{1}'.format(learning1[0,0],learn-
ing1[0,1]))
print('不及格的概率为：{0:.2f}，及格的概率为：{1:.2f}'.format(result_pro1
[0,0],result_pro1[0,1]))
print('综合预判期末考试结果：{}'.format('及格' if result1==1 else '不及格'))
# 预测并输出预测结果2
learning2 = np.array([(8,0.7)])
result2 = logistic_mode.predict(learning2)
result_pro2 = logistic_mode.predict_proba(learning2)
print('课件观看次数：{0}，测试得分率为：{1}'.format(learning2[0,0],learn-
ing2[0,1]))
print('不及格的概率为：{0:.2f}，及格的概率为：{1:.2f}'.format(result_
pro2[0,0],result_pro2[0,1]))
print('综合预判期末考试结果：{}'.format('及格' if result2==1 else '不及格'))
```

输出：

课件观看次数：4.0，测试得分率为：0.1
不及格的概率为：0.94，及格的概率为：0.06
综合预判期末考试结果：不及格
课件观看次数：8.0，测试得分率为：0.7
不及格的概率为：0.19，及格的概率为：0.81
综合预判期末考试结果：及格

4.6 案例：一元线性回归模型的实现与可视化

本程序利用 NumPy 库生成了一组随机数据，并基于这些数据创建和训练了一个简单的线性回归模型。通过拟合数据，程序得出一条最佳拟合直线，并最终可视化展示了模型对新数据的预测结果，如图 4-12 所示。

```python
import NumPy as np                              # 导入 NumPy 库，用于数值计算
import Matplotlib
import Matplotlib.pyplot as plt                 # 导入 Matplotlib 库，用于数据可视化
from sklearn.linear_model import LinearRegression  # 从 scikit-learn 库中
                                                   # 导入线性回归模型
# 生成随机数据
np.random.seed(0)                               # 设置随机种子，保证结果可重复
x = np.random.rand(10, 1) * 10                  # 生成 10 个随机数并放大到 0~10
y = 2 * x + 1 + np.random.randn(10, 1)          # 根据 y = 2x + 1 并添加随机噪声生成
                                                # 目标值
Matplotlib.rcParams['font.family'] = 'SimHei'   # 设置中文字体为黑体
# 创建线性回归模型并拟合数据
model = LinearRegression()                      # 创建一个线性回归模型实例
model.fit(x, y)                                 # 拟合模型，用 x 和 y 进行训练
# 准备绘图
fig, axes = plt.subplots(1, 3, figsize=(15, 5)) # 创建一个包含 3 个子图的图像
# 子图 1：展示原始数据
axes[0].scatter(x, y)                           # 用散点图展示原始数据
axes[0].set_title(" 原始数据 ")                 # 设置子图标题
# 子图 2：展示拟合后的状态
axes[1].scatter(x, y)                           # 先画出原始数据的散点图
axes[1].plot(x, model.predict(x), color='red', linewidth=2)
                                                # 用红线画出模型的拟合直线
axes[1].set_title(" 拟合后 ")                   # 设置子图标题
# 子图 3：展示预测结果
x_test = np.array([[11]])                       # 定义一个新的 x 值进行预测
y_pred = model.predict(x_test)                  # 使用模型进行预测
axes[2].scatter(x, y)                           # 先画出原始数据的散点图
axes[2].plot(x, model.predict(x), color='red', linewidth=2)  # 画出拟合直线
axes[2].scatter(x_test, y_pred, color='green', marker='o', s=100)
                                                # 用绿色圆圈表示预测点
axes[2].set_title(" 拟合和预测 ")               # 设置子图标题
# 显示预测结果
print(f" 给定的 x 值为 {x_test[0][0]}，预测的 y 值为 {y_pred[0][0]}")
# 调整子图布局并显示图像
plt.tight_layout()                              # 自动调整子图的间距
plt.show()                                      # 显示图像
```

输出：

给定的 x 值为 11，预测的 y 值为 23.43722865113915

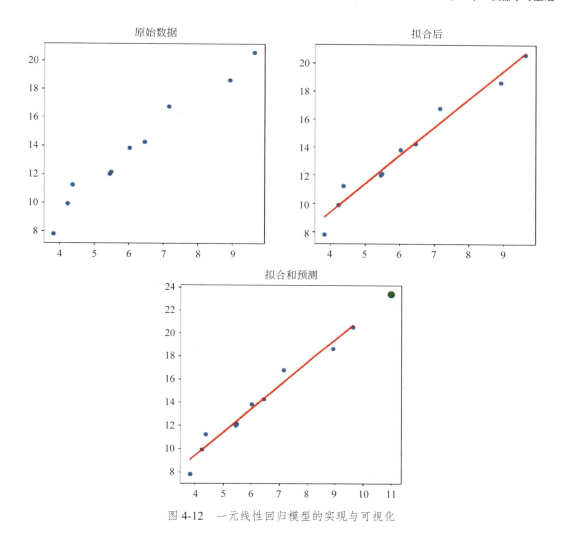

图 4-12 一元线性回归模型的实现与可视化

4.7 小结

本章介绍了机器学习的基本概念、原理、算法分类和应用领域,帮助读者理解如何通过机器学习技术实现智能预测和分类,还介绍了利用 Python 实现线性回归算法、逻辑回归算法的应用实践过程和应用案例,并给出相应算法的程序代码和运行结果。

习题

1. 机器学习有哪些主要分类?
2. 监督学习是如何根据已有数据与输出标签之间的关系进行学习的?
3. 分类问题的目标是什么?
4. 回归问题的目标是什么?
5. 线性模型的主要参数有哪些?
6. 简述线性回归算法的主要流程。

第 5 章

人工神经网络与深度学习基础

本章系统讲解了深度学习的基本原理与框架,主要内容包括:
- 人工神经网络的结构与训练方法;
- 深度学习的概念及其与传统机器学习的区别;
- 卷积神经网络与循环神经网络的基础知识;
- 使用 Keras 实现经典深度学习模型的实例。

本章为理解生成式人工智能的技术原理打下坚实基础。

随着神经科学、认知科学的发展,人们逐渐认识到人类的智能行为大都与大脑活动有关。人类大脑是一个可以产生意识、思想和情感的器官。受到人脑神经系统的启发,早期的神经科学家构造了一种模仿人脑神经系统的数学模型,称为人工神经网络,简称神经网络。

深度学习算法是受到人工神经网络的启发而设计的,是利用深度神经网络来解决特征表达的一种学习过程。本章主要介绍人工神经网络与深度学习的基础知识。

5.1 人工神经网络概述

人类大脑是人体最复杂的器官,由神经元、神经胶质细胞、神经干细胞和血管组成。其中神经元也被称为神经细胞,它携带的细胞具有传递信息的功能,也是人脑神经系统中最基本的单元。人脑神经系统中包含近 860 亿个神经元,而每个神经元上都有成百上千个突触，这些突触又与其他神经元相连接，使得神经元与神经元之间建立联系，从而形成大脑神经网络，如图5-1所示。想象一下，当大脑得到新信息时是如何处理的？当大脑得到新信息时，一般会处理它并生成输出，输出后又被发送到其他神经元做进一步处理，或者作为最终结果输出。

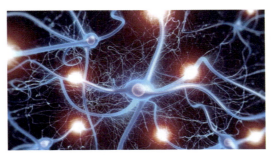

图 5-1　大脑神经网络

人工神经网络（artificial neural network，ANN）是模拟人脑神经网络而设计的一种计算模型，它从结构、实现激励和功能上模拟人脑神经网络。相比于大脑中的神经网络，计算机网络要更为"简单"。类似于人类大脑——在神经网络中，神经元接收输入，处理并且产生输出——人工神经网络是由多个节点（人工神经元）相互连接而成，可以用来对数据之间的复杂关系进行建模，不同节点之间的连接被赋予了不同的权重（weights），每个权重代表了一个节点对另一个节点影响的大小。每个节点代表一种特定函数，来自其他节点的信息经过其相应的权重综合计算，输入一个激活函数中并得到一个新的活性值（兴奋或抑制）。

早在1904年，生物学家就已经发现了神经元的结构，对神经元有了充分的学习，可以较为容易地构造一个人工神经网络，但是让神经网络具有学习的能力不是一件容易的事情。早期构造的神经网络并不具备学习的能力，感知机（perceptron）是最早具有机器学习思想的神经网络，但其学习方法无法扩展到多层神经网络上，直到1980年左右，反向传播算法的出现才有效地解决了多层神经网络的学习问题，并成为最流行的神经网络学习算法。

5.1.1　感知机

想要更好地理解人工神经网络，必须先了解感知机。感知机，又称"人工神经元"或"朴素感知机"，由美国学者弗兰克·罗森布拉特提出，作为支持向量机和神经网络的基础，第一个具有学习思想的神经网络，它成为神经网络和深度学习的起源。感知机是一种二分类的线性分类模型，作为神经网络的起源算法，通过深入学习可以帮助我们更好地理解神经网络的工作原理。下面介绍几个基本概念。

1. 神经元

神经元（neuron）是构成神经网络的基本结构，和人体大脑的神经元一样，在神经网络中，神经元接收输入，处理输入并产生输出，输出又被发送到其他神经元做进一步处理，如图5-2所示。

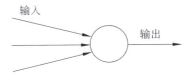

图 5-2　神经元输入/输出图

2. 权重

当输入进入神经元时，它会被乘以一个权重。例如，一个神经元有两个或多于两个输入，则每个输入将被分配一个权重。初始时随机分配权重，并在模型训练过程中利用方向传播更新这些权重。训练后的神经网络若对某输入赋予较高的权重，则认为该输入相对而言是更为重要的，权重为零的则被认为该输入表示的特征是微不足道的。假设输入的为 x_1，并且与其相关的权重为 ω_1，输出即为 $x_1\omega_1$。

3. 偏差

除了权重以外，另一个被应用于输入的线性分量被称为偏差，它被加到权重与输入乘积的结果中。基本上加入偏差的目的是改变权重与输入相乘所得结果的范围。添加偏差后，结果将更加接近真实值，这是输入变换的最终线性分量。

4. 激活函数

将线性分量应用于输入后，需要一个非线性函数，将神经元的特征保留并进行映射。激活函数将输入信号转换为输出信号。应用激活函数后的输出看起来像 $f(a\omega_1+b)$，其中 $f(\ )$ 就是激活函数。

将 n 个输入给定 x_1 到 x_n，而与其对应的权重为 ω_1 到 ω_n。有一个给定的偏差 b，权重首先乘以与其对应的输入，然后与偏差加在一起，产生的值为 μ。则 $\mu=\sum x_i\omega_i+b$，激活函数被应用于 μ，即 $f(\mu)$，并且从神经元接收到的最终输出为 $y=f(\mu)$。

感知机是可以接收多个输入信号，只输出一个信号的数学模型。这里的信号可以理解为"流"，实际传递的信号只有"0（不传递信号）"和"1（传递信号）"两种。图 5-3 是一个仅接收两个信号的感知机的示例。

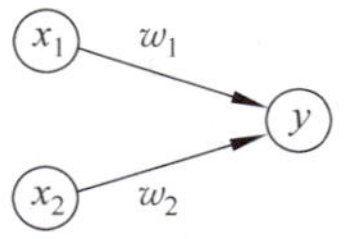

其中 x_1、x_2 是输入信号，y 是输出信号，ω_1、ω_2 是权重。图中的每个圆形被称为"神经元"或"节点"。输入信号被送往神经元的时候，会被分别乘以固定的权重，即得到（$x_1\omega_1$、$x_2\omega_2$）。神经元会计算传送过来的信号总和，当这个总和超过了阈值时，就会输出 1，这也称为"神经元被激活"。这里将这个"阈值"用符号 θ 表示（与下述"偏置"作用相同）。感知机数学过程也可定义为

图 5-3 感知机的示例

$$y = \begin{cases} 0, & \text{if}\,(x_1\omega_1+x_2\omega_2) \leqslant \theta \\ 1, & \text{if}\,(x_1\omega_1+x_2\omega_2) > \theta \end{cases}$$

从公式可以看出，在感知机中，每个输入信号所对应的权重控制了每个信号的重要程度，也就是说，权重越大，对应的信号的重要性就越高。5.1.3 小节将对神经网络常用的激活函数做简单介绍。

5.1.2 从感知机到神经网络

感知机是一种简单的人工神经网络模型，它只由一层神经元组成，用于二分类问题。感知机接收输入向量，通过权重和激活函数计算输出，然后利用阈值函数进行分类。然而，感知机的局限性在于它只能解决线性可分的问题。为了解决非线性问题，人们提出了多层感知

机（multilayer perceptron, MLP），它由一个输入层、多个隐藏层和一个输出层组成。顾名思义，输入层是接收输入的那一层，本质上是网络的第一层。输出层是生成输出的那一层，也可以说是网络的最终一层。隐藏层是网络的处理层，这些隐藏层对传入数据执行待定处理，并将生成的输出输入到下一层。输入层和输出层是可见的，而中间层则是隐藏的。图 5-4 就是输入层、输出层和隐藏层的图示。

从图 5-4 中可以看出，多层感知机每层都有多个神经元，并且每层中的所有神经元都连接到下一层的所有神经元，这样的网络也被称为完全连接网络，也就是多层感知机。

各层神经元的数量选择是一个试错的过程。通常情况下，输入层神经元的数量与输入数据的维度相同，输出层神经元的数量，在回归问题和二元分类中通常为一个神经元，在多分类问题中通常与类别数相同。隐藏层神经元的数量可以自由设定，通过试错找到一个最合适的值，这通常是由通过网络的信息量决定的。

人工神经网络根据神经网络中神经元的连接方式可以划分为不同类型的结构，目前主要有前馈型和反馈型两大类。

图 5-4　多层感知机的简单示例

5.1.3　常用激活函数

如前面提到的，感知机中使用了"阶梯函数"作为激活函数，神经网络是由感知机演变而来的，朴素感知机指的是单层网络，激活函数使用了阶梯函数模型，而"多层感知机则一般指的是神经网络"，神经网络多使用平滑函数作为激活函数，主要有 Sigmoid 函数、ReLU（Rectified Linear Unit）函数和 Softmax 函数。下面简要介绍这几个函数。

1. Sigmoid 函数

Sigmoid 函数是常用的激活函数之一，被定义为 $y = \dfrac{1}{1+e^{-x}}$，其中 e 是纳皮尔常数 2.7182…，在 Python 中可以使用 exp（-x）来计算 e^{-x}。Sigmoid 变换产生一个 0 到 1 之间平滑范围值，可以观察到输入值发生变化时输出值也发生变化，其图像如图 5-5 所示。

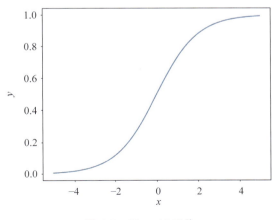

图 5-5　Sigmoid 函数

2. ReLU 函数

ReLU（整流线性单元）函数定义为 $y=\max(0, x)$，也就是当 $x>0$ 时，输出 x，否则就输出 0。使用 ReLU 函数的好处是，对于大于 0 的所有输入来说，它有一个不变的导数值（导数值为 1），常数导数值有助于提高网络训练进行的速度，其图像如图 5-6 所示。

3. Softmax 函数

Softmax 函数通常用于多分类问题的输出层。它与 Sigmoid 函数类似，唯一的区别就是输出被归一化为总和 1，在一个多分类问题中，Softmax 函数为每个类分配值，这个值可以理解为概率，其图像如图 5-7 所示。

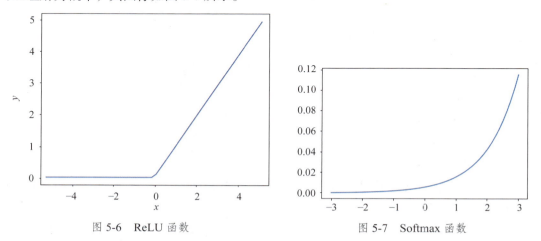

图 5-6　ReLU 函数　　　　　　图 5-7　Softmax 函数

神经网络构成了深度学习的核心，神经网络的目标是找到一个未知函数的近似值，它由相互连接的神经元组成。这些神经元具有权重，并在网络训练期间根据错误进行更新，激活函数为线性模型增加非线性因素，并基于线性组合生成输出。

5.2　深度学习简介

5.2.1　深度学习的概念

深度学习（deep learning）是一种基于人工神经网络的机器学习方法，其核心理念是通过多个层次的特征抽象来自动提取数据中的有用信息。与传统的机器学习方法相比，深度学习通过构建多层神经网络，使得系统可以从数据中自动学习到更高级、更抽象的特征，从而提高对复杂数据的分析和处理能力。

5.2.2　深度学习与传统机器学习

在人工智能话题如此流行的当今时代，大家都对两个名词耳熟能详，即机器学习和深度学习。人工智能、机器学习与深度学习的关系如图 5-8 所示。

由图 5-8 可知，机器学习是人工智能的一个子集和组成部分，深度学习是机器学习的一个子集,适用于处理大数据。从图 5-9 可以看出,深度学习在数据量大的情况下,其性能优于传统机器学习,但是在数据较少的情况下,深度学习的优势难以发挥,传统机器学习和深度学习势均力敌,不分上下。

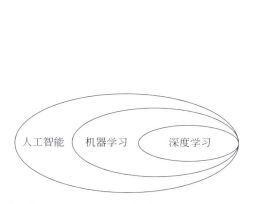

图 5-8 人工智能、机器学习与深度学习的关系　　图 5-9 深度学习与传统机器学习的对比

深度学习相较于传统机器学习有优势,但门槛较高,表现在训练数据要求大、训练时间长和计算能力强等方面。深度学习需要大量时间来训练模型,如 ResNet 需两周时间,而传统机器学习几秒钟即可训练好。但深度学习一旦训练好,就能快速进行任务预测。

5.3　主流深度学习框架介绍

进行深度学习之前,选择合适的框架是很重要的,能起到事半功倍的效果。有很多用户,尤其是初学 AI 的学生们对到底应该选择哪一种平台作为自己深度学习的框架往往感到很头疼,其实研究者们通常使用不同的框架来达到研究目的。

在深度学习的初期阶段,研究者们常常需要编写大量重复的代码。为了提高工作效率,他们会将这些代码写成一个框架并放到网上,供所有研究者一起使用。随着时间的推移,好用的框架被广泛使用并流行起来。以下是一些知名的主流深度学习框架简介。

1. TensorFlow

TensorFlow 是当前人工智能主流开发工具之一,由谷歌于 2015 年 11 月 9 日开源。它基于谷歌大脑团队改进的谷歌内部第一代深度学习系统 DistBelief,是一个通用计算框架,在 GitHub 和工业界有较高的应用程度和实用性。

2. Keras

Keras 是一个由 Python 编写的开源人工神经网络库,可以作为 TensorFlow、Microsoft-CNTK 和 Theano 的高阶应用程序接口。Keras 的主要开发者是谷歌工程师弗朗索瓦·肖莱,其 GitHub 项目页面包含 6 名主要维护者和超过 800 名直接贡献者。

3. Caffe

Caffe 是一个基于 Convolutional Architecture for Fast Feature Embedding(卷积架构用于

快速特征嵌入）的深度学习框架，由加州大学伯克利分校的贾扬清等人开发。Caffe 在图像识别、分类和卷积神经网络研究方面具有广泛应用。

4. PyTorch

PyTorch 是由 Meta 人工智能研究院（FAIR）基于 Torch 库开发的一个深度学习框架。PyTorch 提供了灵活、易用的 Python 接口，以及高性能的计算能力，广泛应用于自然语言处理、计算机视觉等领域。

5. PaddlePaddle

PaddlePaddle（百度飞桨）是中国百度公司开发的一个开源深度学习平台，具有易用、高效、灵活和可扩展等特点。PaddlePaddle 支持多种深度学习任务，并在中国具有广泛应用。

这些深度学习框架各具特色，适用于不同场景和需求。开发者可以根据自己的需求和偏好选择合适的框架进行深度学习研究与应用。

5.4 人工神经网络的训练

神经网络的训练是指通过反向传播算法不断调整网络中的权重和偏置项，使得网络的输出尽可能地接近目标输出的过程。

1. 训练过程的步骤

1）准备数据集

将数据集分为训练集、验证集和测试集。训练集用于训练模型，验证集用于调整超参数和防止过拟合，测试集用于评估模型的性能。

2）初始化参数

初始化网络中的权重和偏置项，通常使用随机数进行初始化。

3）前向传播

将输入数据送入网络中，通过加权求和和激活函数计算得到网络的输出。

4）计算损失函数

将网络的输出与目标输出进行比较，根据所选的损失函数计算出当前的损失值。

5）反向传播

根据链式法则计算损失函数对各层参数的偏导数，然后使用梯度下降或其他优化算法更新参数。

6）重复以上步骤

不断迭代上述步骤，直到达到预定的停止条件（如达到最大迭代次数或损失函数的变化小于某个阈值）。

2. 在训练过程中的注意事项

1）选择合适的损失函数

不同的任务需要选择不同的损失函数。例如，分类任务通常使用交叉熵损失函数，回归任务通常使用均方误差损失函数。

2）选择合适的激活函数

不同的激活函数在不同的场景下表现也有所不同。例如，ReLU 激活函数在深度神经网络中表现较好，而 Sigmoid 激活函数在某些任务中可能会出现梯度消失的问题。

3）防止过拟合

过拟合是指模型在训练集上表现很好，但在测试集上表现很差的情况。为了防止过拟合，可以使用正则化、dropout 等技术。

4）调整学习率

学习率是指每次参数更新时的步长，过大则容易导致震荡，过小则训练速度缓慢。通常需要根据实验结果调整学习率。

5）批量化训练

批量化训练是指将样本分为多个批次进行训练，每次只使用一个批次的数据更新参数。批量大小的选择也需要根据实验结果进行调整。

5.5 卷积神经网络

5.5.1 卷积神经网络简介

在 20 世纪中期，随着神经科学和脑科学的发展，研究人员通过模拟生物神经元接收和处理信息的基本特性而设计了人工神经元。卷积神经网络（convolutional neural network, CNN）属于人工神经网络范畴，是深度学习中非常常见的网络结构模型。

卷积神经网络常用于计算机视觉应用，如智能监控、智慧医疗、机器人自动驾驶等领域，并且在这些领域已经取得突破性进展，在现实的应用场景中也证明了其强大性能。

5.5.2 卷积神经网络的结构

典型的卷积神经网络结构主要分为输入层、卷积层、池化层、全连接层、分类层等，如图 5-10 所示。

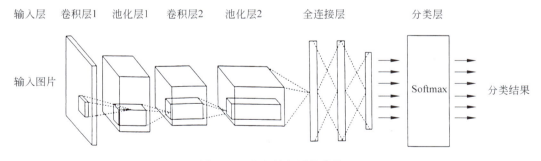

图 5-10 卷积神经网络结构

1. 输入层

输入层（input layer）就是整个神经网络的输入，在处理图像的卷积神经网络中，它一般代表了一张图片的像素矩阵。其中三维矩阵的长和宽代表了图像的大小，深度代表了图像的色彩通道（Channel）。例如，黑白图的深度为1，而在RGB色彩模式下，图像的深度为3。从输入层开始，卷积神经网络通过不同的神经网络架构将上一层的三维矩阵转换为下一层的三维矩阵，直到最后的全连接层。

2. 卷积层

卷积层（convolution layer）又称特征提取层，代表对输入图像进行卷积后得到的所有组成的层。卷积层是一个卷积神经网络的最重要的部分，卷积层的目的是将神经网络中的每一小块进行更加深入的分析，从而获得抽象度更高的特征。一般来说，通过卷积层处理过的节点矩阵会变得更深。

3. 池化层

池化层（pooling layer）又称特征映射层，也称下采样层，代表对输入图像进行池化得到的层。池化层神经网络不会改变三维矩阵的深度，但是它可以缩小矩阵的大小。通过池化层可以进一步缩小最后全连接层中节点的个数，从而达到缩小整个神经网络的目的。

4. 全连接层

在经过多轮卷积和池化之后，在卷积神经网络的最后一般会有1到2个全连接层（full connection layer）给出最后的分类结果。经过几轮卷积和池化之后，可以认定图像中的信息已经被抽象成信息含量更高的特征。我们可以将卷积层和池化层看作自动图像特征提取的过程，在特征提取之后，仍然要用全连接层来完成分类问题。

5. 分类层

分类层主要用于分类问题，通过分类层可以得到当前输出属于不同种类的概率分布情况。该层主要采用Softmax函数，又称归一化指数函数，是对数概率回归在C个不同值上的推广，公式如下：

$$\text{Soft max}(i) = \frac{e^{-o_i}}{\sum_{j=1}^{C} e^{-o_j}}, \quad i = 1, 2, \cdots, C-1$$

式中，C表示神经网络输出层的输出数量；i表示输出层第i个输出；o_i表示第i个输出值；e表示自然常数；$\sum_{j=1}^{C} e^{-o_j}$表示所有神经元输出值的对数概率函数之和。

Softmax函数的Python实现代码如下：

```
Def softmax(x)
    exp_x=np.exp(x)
    retun exp_x/np.sum(exp_x)
```

5.5.3 卷积计算

卷积的英文convolutional源自拉丁文convolvere，其含义就是"卷在一起（roll together）"，

是数学上的一种重要的运算。由于其具有丰富的物理、生物、生态等意义，所以得到非常广泛的应用。

下面介绍卷积神经网络中用到的卷积运算方法。

在图像处理中，采用卷积运算对输入图像或 CNN 上一层的特征图进行变换，即特征抽取，得到新特征。这就是卷积之后的结果被称为"特征图"的原因。

一幅灰度图片可以用一个像素矩阵来表示。矩阵中每个数字的取值范围为 [0,255]，其中 0 表示黑色，255 表示白色，其他灰度为 0 到 255 之间的整数。如果是彩色的图片，则需要用 RGB 三个像素矩阵来表示。例如，(255，0，0) 表示红色，(218，112，214) 表示淡紫色。每个像素矩阵被称为通道，因此，灰度图像为单通道，彩色图像为三通道。在数学上，把这样的三通道矩阵称为三阶向量。向量的长度和宽度就是像素矩阵的行数和列数，分别为图像的分辨率，通道数称为高度。

人类经过长期的进化，当眼睛看到图像时，大脑就自动提取出很多用以识别类别的特征。但是，对计算机而言，虽然计算机模拟人类，但计算机要从一系列图像中提取特征却并不是一件简单的事情。在计算机的"眼睛"里，图像就是数字矩阵，那么提取图像的特征就是对数字矩阵进行运算，其中非常重要的运算就是卷积。为了进行说明，下面举一个简单的例子。

考虑一个给定 5×5 的像素值矩阵，它的像素值只取 0 和 1（实际灰度图像的像素值为 0~255）。首先过滤器选取 3×3，步长为 1，得到一个 3×3 的特征图（feature map），也就是卷积核是一个 3×3 的矩阵，其中的值也是只有 0 和 1（实际上也可以是其他值），如图 5-11 所示。

$$\begin{bmatrix} 1 & 1 & 1 & 0 & 0 \\ 0 & 1 & 1 & 1 & 0 \\ 0 & 0 & 1 & 1 & 1 \\ 0 & 0 & 1 & 1 & 0 \\ 0 & 1 & 1 & 0 & 0 \end{bmatrix} \quad \begin{bmatrix} 1 & 0 & 1 \\ 0 & 1 & 0 \\ 1 & 0 & 1 \end{bmatrix}$$

(a) 输入矩阵　　(b) 卷积核

图 5-11　输入矩阵和卷积核

用卷积核在输入矩阵上从左到右、从上到下滑动，每次滑动 s 个像素，滑动的距离 s 是步幅（stride）。卷积特征矩阵是输入矩阵和卷积核矩阵重合部分的内积，即卷积特征矩阵每个位置上的值是重合部分两个矩阵的相应元素乘积之和。因此卷积特征矩阵称为特征图。

如果用 $x_{i,j}$ 表示输入图像的第 i 行和第 j 列的像素，用 $w_{m,n}$ 表示过滤器的第 m 行和第 n 列的值，用 $a_{i,j}$ 表示特征图的第 i 行和第 j 列的值，激活函数 f 选取 ReLU 函数，则卷积操作就是由公式 $a_{i,j} = f\left(\sum_{m=0}^{2}\sum_{n=0}^{2} x_{i+m,j+n} w_{m,n}\right)$ 计算得到的。例如，对于图 5-11 中特征图左上角的 $a_{0,0}$ 来说，其计算方法为

$$a_{0,0} = f\left(\sum_{m=0}^{2}\sum_{n=0}^{2} x_{0+m,0+n} w_{m,n}\right)$$
$$= \text{relu}\,(x_{0,0}w_{0,0} + x_{0,1}w_{0,1} + x_{0,2}w_{0,2} + x_{1,0}w_{1,0} + x_{1,1}w_{1,1} + x_{1,2}w_{1,2} + x_{2,0}w_{2,0} + x_{2,1}w_{2,1} + x_{2,2}w_{2,2})$$
$$= \text{relu}\,(1\times1+1\times0+1\times1+0\times0+1\times1+1\times0+0\times1+0\times0+1\times1)$$
$$= \text{relu}(4)$$
$$= 4$$

具体如图 5-12 所示把卷积核矩阵向右移动一格，设步幅 $s=1$，可以得到。卷积特征矩

阵的第一行第二个元素为

$$a_{0,1} = f\left(\sum_{m=0}^{2}\sum_{n=0}^{2}x_{0+m,1+n}w_{m,n}\right)$$

$= \text{relu}\ (x_{0,1}w_{0,0} + x_{0,2}w_{0,1} + x_{0,3}w_{0,2} + x_{1,1}w_{1,0} + x_{1,2}w_{1,1} + x_{1,3}w_{1,2} + x_{2,1}w_{2,0} + x_{2,2}w_{2,1} + x_{2,3}w_{2,2})$

$= \text{relu}\ (1\times1+1\times0+0\times1+1\times0+1\times1+1\times0+0\times1+1\times0+1\times1)$

$= \text{relu}(3)$

$= 3$

以此类推就可以得到卷积特征矩阵。

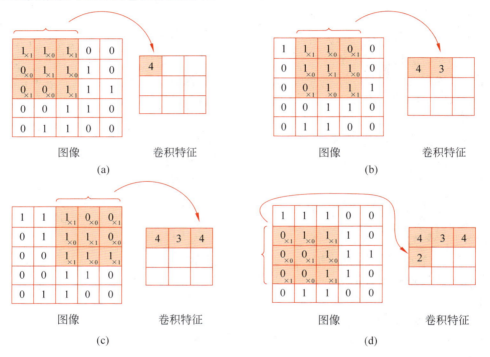

图 5-12　矩阵卷积运算

很明显，卷积特征矩阵比原来输入矩阵的维数要低。如果希望卷积特征矩阵的维数和原来输入矩阵的维数一样，则可以在原输入矩阵四周进行 0 填充，扩大输入矩阵的维数。这种操作称为零补（zero padding）。例如，在上面的这个例子中，可以在原输入矩阵四周进行 0 填充，扩大输入矩阵的维数为 7×7，这样经过 3×3 卷积核卷积后，可以得到维数为 5×5 的卷积特征矩阵。

在卷积核和输入图像矩阵进行卷积的过程中，图像中的所有像素点会被线性变化组合，得到图像的一些特征。例如，分别用图 5-13（a）、(b) 两个卷积核，可以分别得到输入图像的竖向边缘和横向边缘。

$$\begin{bmatrix} 1 & 0 & -1 \\ 1 & 0 & -1 \\ 1 & 0 & -1 \end{bmatrix} \quad \begin{bmatrix} 1 & 1 & 1 \\ 0 & 0 & 0 \\ -1 & -1 & -1 \end{bmatrix}$$
　　(a)　　　　　(b)

图 5-13　卷积核

在没有边缘的比较平坦的区域，像素值的变化比较小，而横向边缘上下两侧的像素差异明显，竖向边缘左右两侧的像素差异比较大。在图 5-13（a）中，用三行 1、0、-1 组成的卷积核和输入图像卷积，实际是计算了输入图像中每个 3×3 区域内的左右像素的差值，所以得到了输入图像的竖向边缘。在图 5-13（b）中，用三列 1、0、-1 组成的卷积核和输入图像卷积，实际是计算了输入图像中每个 3×3 区域内的上下像素的差值，所以得到了输入图像的横向边缘。

5.6 循环神经网络

循环神经网络（recurrent neural network, RNN）是一类专门用于处理序列数据的神经网络。与传统的前馈神经网络不同，RNN 具备"记忆"功能，它能够通过循环结构将之前的输入信息保存下来，并在处理当前输入时参考这些历史信息。这使 RNN 特别适合处理时间序列、语言模型等具有前后关联的任务，广泛应用于自然语言处理、语音识别和时间序列预测等领域。

5.7 案例：使用 Keras 实现 CNN 手写数字识别

以下是一个使用 Keras 实现的简单卷积神经网络来训练和测试 CNN 手写数字识别模型的 Python 程序。这个程序包括数据加载、模型构建、训练、测试，以及结果可视化的完整流程。

```python
import TensorFlow as tf                           # 导入 TensorFlow 库
import Matplotlib
from TensorFlow.Keras import layers, models, Input   # 从 Keras 导入层和模型模块

import Matplotlib.pyplot as plt                   # 导入 Matplotlib 库用于可视化
# 加载 MNIST 数据集
mnist = tf.Keras.datasets.mnist                   # 使用 Keras 内置的 MNIST 数据集
(X_train, y_train), (X_test, y_test) = mnist.load_data()   # 加载训练和测试数据

Matplotlib.rcParams['font.family'] = 'SimHei'     # 设置中文字体为黑体
# 数据预处理
X_train = X_train.reshape(-1, 28, 28, 1).astype('float32') / 255.0
                                                  # 将训练数据重塑为 4 维并归一化
X_test = X_test.reshape(-1, 28, 28, 1).astype('float32') / 255.0
                                                  # 将测试数据重塑为 4 维并归一化
# 构建卷积神经网络模型
model = models.Sequential([                       # 创建顺序模型
    Input(shape=(28, 28, 1)),                     # 使用 Input 指定输入形状
    layers.Conv2D(32, kernel_size=(3, 3), activation='relu'),
                                                  # 第一个卷积层
    layers.MaxPooling2D(pool_size=(2, 2)),        # 最大池化层
```

```python
    layers.Conv2D(64, kernel_size=(3, 3), activation='relu'),
                                                    # 第二个卷积层
    layers.MaxPooling2D(pool_size=(2, 2)),          # 最大池化层
    layers.Flatten(),                               # 展平层,将多维输入展平成1维
    layers.Dense(128, activation='relu'),           # 全连接层,128个神经元
    layers.Dense(10, activation='softmax')          # 输出层,使用Softmax激活函数
                                                    # 输出10个类别的概率
])
# 编译模型
model.compile(optimizer='adam',                     # 使用Adam优化器
              loss='sparse_categorical_crossentropy',  # 损失函数使用稀疏分
                                                    # 类交叉熵
              metrics=['accuracy'])                 # 评估指标为准确率
# 训练模型
history = model.fit(X_train, y_train, epochs=5, validation_data=(X_test,
y_test))                                            # 训练模型,使用测试集作为验证集
# 测试模型
test_loss, test_acc = model.evaluate(X_test, y_test)  # 评估模型在测试集上
                                                    # 的性能
print(f' 测试集上的准确率为:{test_acc:.4f}')          # 打印测试集上的准确率
# 可视化训练过程
plt.figure(figsize=(12, 4))                         # 设置图像大小
# 子图1:训练和验证的损失
plt.subplot(1, 2, 1)                                # 创建第一个子图
plt.plot(history.history['loss'], label=' 训练损失 ')        # 绘制训练损失
plt.plot(history.history['val_loss'], label=' 验证损失 ')    # 绘制验证损失
plt.title(' 训练和验证损失 ')                         # 设置标题
plt.xlabel(' 轮次 ')                                 # 设置X轴标签
plt.ylabel(' 损失 ')                                 # 设置Y轴标签
plt.legend()                                        # 显示图例
# 子图2:训练和验证的准确率
plt.subplot(1, 2, 2)                                # 创建第二个子图
plt.plot(history.history['accuracy'], label=' 训练准确率 ')  # 绘制训练准确率
plt.plot(history.history['val_accuracy'], label=' 验证准确率 ')  # 绘制验证准
                                                    # 确率
plt.title(' 训练和验证准确率 ')                       # 设置标题
plt.xlabel(' 轮次 ')                                 # 设置x轴标签
plt.ylabel(' 准确率 ')                               # 设置y轴标签
plt.legend()                                        # 显示图例
plt.tight_layout()                                  # 自动调整子图间距
plt.show()                                          # 显示图像
```

运行结果如图5-14所示。

通过这个例子,我们可以看到深度学习在图像分类任务中的强大能力。当然,深度学习还可以应用于许多其他领域,如自然语言处理、语音识别等。随着深度学习技术的不断发展,相信它将在更多领域展现出广阔的应用前景。

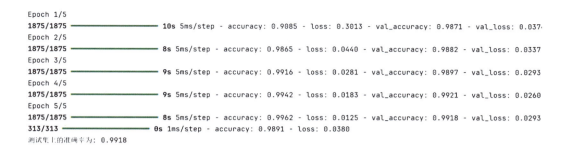

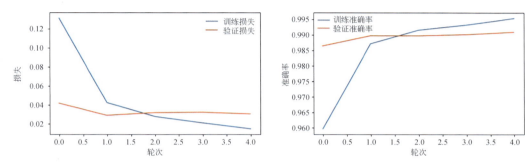

图 5-14　使用 Keras 实现 CNN 手写数字识别

5.8　小结

人工神经网络是一种受到生物神经系统启发的计算系统。它由大量的人工神经元组成，这些人工神经元相互连接形成网络，通过学习和适应数据来执行特定任务。

深度学习是一种基于人工神经网络的机器学习方法，它侧重于使用多层非线性处理单元对数据进行建模。深度学习通过构建多层神经网络来学习数据的抽象特征表示，从而实现对复杂模式和关系的学习。

总结来说，人工神经网络是深度学习的基础，深度学习则是利用多层神经网络进行特征学习和数据建模的技术。这两者在计算机视觉、自然语言处理、语音识别等领域取得了巨大成功，成为当今人工智能领域最重要的技术之一。

习题

1. 什么是深度学习？
2. 什么是人工神经网络？
3. 神经网络常用的激活函数有哪些？
4. 简述深度学习的发展历史。
5. 简述主流深度学习框架。
6. 简述计算机视觉与卷积神经网络。
7. 简述自然语言处理与循环神经网络。

第 6 章

生成式人工智能与艺术设计

本章聚焦生成式人工智能技术及其在艺术设计中的应用，主要内容包括：
- 生成式人工智能的基本原理与技术框架；
- 文本、图像、音频、视频等多模态生成平台与工具介绍；
- AIGC 在游戏、服装、建筑设计等领域的创新应用。

通过本章的学习，读者将了解如何将 AIGC 应用于艺术创作，激发设计灵感。

6.1 生成式人工智能概述

生成式人工智能（generative artificial intelligence，GAI）是一种能够创造新内容的人工智能技术。与传统人工智能（如语音助手等）主要用于执行特定任务不同，GAI 的核心优势在于其创造性和生成能力。

在讨论人工智能时，通常还会提到 AIGC（人工智能生成内容，artificial intelligence generated content）。AIGC 是指由人工智能生成的各种内容，包括文本音频、图像、音频、视频等。它通过深度学习模型，训练深度神经网络；学习数据的内在结构和模式，模拟人类的创造力与想象力，从而生成全新的数据。

事实上，GAI 与 AIGC 是人工智能领域中的两个重要分支，它们在底层技术和应用场景上紧密相关，共同推动着人工智能技术的不断发展与创新。

6.2 生成式人工智能技术原理

生成式人工智能的技术原理基于深度学习、自然语言处理（NLP）、计算机视觉、生成对抗网络（generative adversarial network，GAN）和扩散模型等先进的人工智能技术。这些技术的有机结合，使得 AIGC 能够从庞大的数据集进行学习，并生成符合特定需求的创意内容，如文本、图像、音频和视频。以下是生成式人工智能技术原理的几个关键要素。

6.2.1 深度学习模型

深度学习是生成式人工智能的核心技术之一，通过建立包含多个神经网络层的模型，AIGC 能够自动提取和学习复杂的数据特征。深度学习的优势在于它可以处理多种类型的数据（如文本、图像、音频），并能够通过大规模的训练数据提升模型的表现，从而生成高质量的内容。

例如，在生成文本内容时，AIGC 使用的模型如 GPT-4，是基于自回归的语言模型。它通过大量文本数据的训练来预测句子中的下一个词，从而生成连贯的段落或文章。

6.2.2 生成对抗网络

生成对抗网络（GAN）是生成式人工智能生成图像和其他视觉内容的核心技术之一。它由两个部分组成：生成器（generator）和判别器（discriminator）。生成器也称解码器，负责生成新的图像；判别器则负责区分这些图像是真实的还是由生成器生成的。通过两者的对抗训练，生成器逐渐学会生成逼真且高质量的图像，如图 6-1 所示。

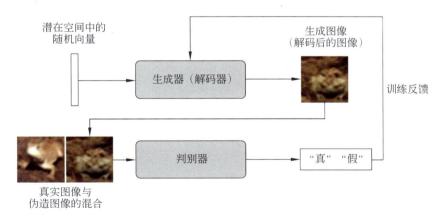

图 6-1　GAN 原理图

在 AIGC 应用中，GAN 能够生成从艺术风格图像到现实世界照片的各种视觉内容。随着训练的不断进行，生成器生成的图像会越来越逼近真实世界的图像效果。

6.2.3 自然语言处理

AIGC 在生成文本内容时，依赖自然语言处理技术，尤其是基于自回归语言模型的技术。

自然语言处理涉及对大量文本数据的处理和分析，生成式人工智能通过这些数据的训练来理解语法、语义、上下文等语言特征。

例如，像 GPT 系列的大型语言模型通过对海量文本数据的学习，能够自动生成符合上下文逻辑、结构连贯的文本内容。它不仅能撰写文章，还能根据提示生成对话、诗歌、广告文案等，广泛应用于创意写作、新闻生成等场景。

6.2.4　扩散模型

扩散模型近年来成为生成式人工智能的一种新兴技术，特别是在图像生成领域有显著应用效果。其工作原理如图 6-2 所示，从左向右是前向扩散过程，通过不断添加噪声，将输入数据变得越来越模糊，直到它变为完全随机的噪声。而从右向左是反向扩散过程，逐步完成一个相对应的逆向过程进行去噪，并生成样本，从而学习原始数据的分布。

图 6-2　扩散过程

例如，Stable Diffusion 就是一种基于扩散模型的生成技术，它能够通过渐进的降噪过程生成具有细节丰富的高质量图像。这种方法可以生成照片般逼真的图像乃至具有强烈艺术风格的作品。

6.2.5　预训练与微调

AIGC 依赖预训练的大规模模型，这些模型在大数据集上进行训练，学习普遍的模式和特征。在实际应用中，这些模型通常需要经过微调（fine-tuning），即根据特定的任务或领域数据进行再训练，使模型能够生成更加符合特定需求的内容。

例如，一个已经预训练好的文本生成模型，经过微调后可以生成特定风格的文本，如专业论文、技术文档或创意广告语。同样，图像生成模型也可以通过微调来生成特定艺术风格或特定品牌需求的图像。

6.2.6　多模态生成

生成式人工智能还结合了多模态生成技术，这意味着它能够处理和生成不同类型的内容，如文本生成图像（text-to-image）、文本生成视频（text-to-video）等。以文本生成图像为例，用户只需输入一段描述性文字，模型便能根据描述生成符合要求的图像。这个过程涉及多个复杂的技术步骤，包括文本分析、语义理解、视觉映射等。

这种多模态生成技术为创意行业带来了极大的便利。例如，设计师只需输入简短的描述即可获得多个设计方案，大大提高了工作效率。

生成式人工智能的技术原理是多种人工智能技术的综合应用，它结合了深度学习、生成对抗网络、自然语言处理、扩散模型等前沿技术。这些技术使得 AIGC 能够自动生成各种内容，推动了广告、设计、影视等行业的创新发展。随着技术的不断成熟，AIGC 将会为更多领域带来前所未有的生产力和创意空间。

6.3 生成式人工智能平台与工具

随着 AIGC 技术的不断发展，越来越多的生成式人工智能平台和工具涌现，这些工具大幅提升了内容创作的效率和质量。生成式人工智能平台工具能够根据用户的输入生成文本、图像、音频、视频等多种内容形式，应用于广告、设计、媒体、影视等多个行业。以下是几个重要的生成式人工智能平台与工具的介绍。

6.3.1 文本生成平台

在文本生成领域，人工智能平台依托深度学习技术，极大提升了语言的理解与生成能力。用户只需通过简短的文字描述，便可快速生成多种类型的高质量文本，包括自然语言文本、程序代码和文学艺术作品。这些作品不仅表达精准,还能够展现出独特的艺术创造力。

ChatGPT 是由 OpenAI 开发的大型语言模型之一，全称为 chat generative pre-trained transformer（聊天生成预训练转换器）。其核心功能是通过自然语言处理技术生成对话内容、文本片段，回答问题等。该模型的设计目标是让机器能够理解并生成与人类自然语言对话相似的内容，从而提供智能化的对话体验，如图 6-3 所示。

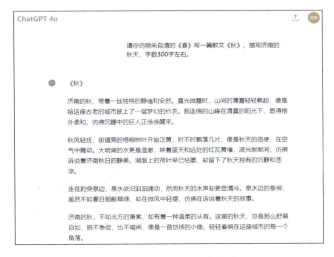

图 6-3　ChatGPT 写的作文

值得一提的是，ChatGPT 的最新版本 ChatGPT-4o 相比之前的版本在多个方面取得了显著提升，如在生成效率、多模态支持、定制化生成和跨语言支持等方面均有突破，能够更好地适应复杂场景的需求。然而，它仍存在一些局限，如事实准确性不够、深度理解和推理能力不足，可能会继承数据偏见，且上下文记忆较短，无法处理实时信息，创造力有限。因此，在实际应用中，仍需借助人类监督以确保内容的质量和可靠性。

除了 ChatGPT 外，文本生成领域还有许多其他平台，它们在不同的应用场景中展现了独特的优势，如表 6-1 所示。

表 6-1 文本生成平台

平 台 名 称	隶 属 公 司	平 台 名 称	隶 属 公 司
ChatGPT	OpenAI	BERT	Google
NEW Bing	微软	讯飞星火	科大讯飞
文心一言	百度	腾讯混元	腾讯
通义千问	阿里云	商汤日日新	商汤科技
豆包	字节跳动		

6.3.2 图像生成平台

图像生成平台依托人工智能技术，通过训练深度神经网络生成高质量图像。用户可以根据不同的输入模态，如文本生成图像（text-to-image）或图像生成图像（image-to-image），借助多种算法与模型，创作出符合语义要求的作品。这些平台不仅大幅提升了专业设计师和艺术家的创作效率，还为非专业用户提供了低门槛的创作工具，使得人人都能参与图像创作。

Midjourney 是一款基于人工智能的图像生成工具，专为艺术家、设计师和创意工作者开发。通过用户输入的文本提示，它能够生成符合描述的高质量视觉作品，尤其适用于艺术创作和概念设计。作为 AIGC 领域的热门工具，Midjourney 不仅强调艺术性和创意性，还广泛应用于广告、影视、游戏等行业。

该平台支持多种图像风格的生成，包括抽象艺术、写实场景和概念设计。用户只需提供简单的描述，系统便会快速生成多个选项供参考。其操作便捷、视觉生成能力强大，极大提升了设计工作的效率，同时为创意工作者提供了丰富的灵感来源。图 6-4 就是使用 Midjourney 生成的抽象画。

Stable Diffusion 是另一款基于人工智能的图像生成工具，其使用方法将在第 7 章中详细介绍。除了上述两款平台外，还有许多其他的图像生成平台，如表 6-2 所示。

图 6-4 Midjourney 生成的抽象画

表 6-2 图像生成平台

平 台 名 称	隶 属 公 司
Stable Diffusion	Stability AI
DALL-E3	OpenAI
Midjourney	Midjourney
Imagen	Google
文心一格	百度

续表

平 台 名 称	隶 属 公 司
6pen art	北京毛线球科技有限公司
商汤日日新	商汤科技
无界 AI	杭州超节点信息科技有限公司
江城洛神	武汉人工智能研究院

6.3.3 音频生成平台

音频生成平台通过先进的算法和深度学习模型，能够自动生成多种类型的音乐作品，包括流行歌曲、背景配乐等。该技术广泛应用于视频、游戏和影视等领域的音乐创作，不仅大幅降低了音乐版权采购成本，还提高了音乐制作的效率和灵活性。这些平台能够根据用户需求自动生成实时配乐，支持语音克隆和功能性音乐（如心理安抚音乐）的生成，极大扩展了音乐创作的可能性。

在实际应用中，音频生成平台已被广泛用于虚拟歌手的演唱和自动配音。通过 AI 生成技术，虚拟歌手能够以逼真的声音演绎原创歌曲，声音的 IP 化使得动画、电影及虚拟人行业的音频制作更加高效。这项技术特别适合定制化音乐的快速生成，创作者无须具备专业知识即可生成符合特定需求的音乐作品，极大缩短了创作周期。

本书第 8 章将详细介绍音频生成平台的操作方法。常用的一些音频生成平台如表 6-3 所示。

表 6-3 音频生成平台

平 台 名 称	隶 属 公 司	平 台 名 称	隶 属 公 司
Stable Audio	Stability AI	Music LM	Google
Aiva	Aiva Technologies	Audiocraft	Meta
Suno AI	Suno	网易天音	网易
MuseNet	OpenAI	魔音工坊	出门问问
Jukebox	OpenAI		

6.3.4 视频生成平台

当前，AI 视频生成平台尚处于发展的初期阶段，算法模型仍不成熟，市场上也没有出现绝对的领先者。视频生成的核心在于通过训练人工智能，使其能够根据输入的文本、图像或其他多模态数据，自动生成符合描述的高质量视频内容。该技术已在动画、电影、游戏、广告等视觉制作领域得到广泛应用，同时为工业设计、建筑设计和教育培训等行业提供了直观的演示工具。

从技术角度看，视频生成的难点在于将大量图像按照逻辑顺序和连贯性进行组合。文字生成视频的挑战尤其体现在先生成高质量图片，然后确保这些图片在逻辑和视觉效果上的连贯性。因此，相较于文本生成图像，生成高品质视频的过程更加复杂，且资源消耗更大。然而，一旦 AI 技术能够像文本生成图像那样高效地生成高质量视频，短视频、影视、游戏、广告等行业将迎来巨大变革。这不仅会大幅提升视频制作的效率、降低成本，还将激发设计师的创意灵感，提升视频内容的多样性。

Runway 是一个集成多种创意人工智能工具的平台，旨在为艺术家、设计师、电影制作人和其他创意领域的专业人士提供强大的 AI 创作支持。它通过结合先进的 AI 技术，帮助用户轻松生成和编辑多媒体内容，从而大幅提升创意工作效率和质量。

Runway 平台提供多样化的功能，专注于图像、视频和音频的生成与编辑。它的 AI 工具涵盖图像生成、视频剪辑、3D 建模、动画制作、风格转换、背景替换和物体跟踪等，用户可以通过简单的操作生成高质量的创作内容。此外，Runway 支持跨平台协作，用户可以在不同设备上无缝创作，非常适合设计师和视频编辑者在广告、影视和媒体领域的应用。平台还提供预训练模型，用户可以根据需要微调模型，以实现个性化的创作需求。图 6-5 所示是正在生成视频中的 Runway。常用的一些视频生成平台如表 6-4 所示。

图 6-5　Runway 操作界面

表 6-4　视频生成平台

平 台 名 称	隶 属 公 司	平 台 名 称	隶 属 公 司
Gen-2	Runway	Make-A-Video	Meta
Pika	Pika Labs	腾讯智影	腾讯公司
Stable Video Diffusion	Stability AI	剪映	字节跳动
Imagen Video	Google	CogVideoX	清华 & 智源
Sora	OpenAI		

6.4　生成式人工智能赋能艺术设计

生成式人工智能对艺术设计的影响深远。虽然现阶段 AI 尚无法完全取代传统设计工作，市场上也没有完全智能化的工具，但现有的多种 AI 工具结合应用，已极大提升了设计效率。AIGC 工具作为一种强大的创意辅助，不仅提高了设计师的工作效率，还拓展了他们的创作能力。

对于专业设计从业者来说，AIGC不仅可以通过自动化生成简化重复性任务，提升内容创作的下限，还能通过智能化工具激发灵感，提升作品的上限。AI能够生成多种设计方案或视觉效果，为设计师提供丰富的创意灵感，加快迭代过程，帮助他们在更短时间内完成高质量的作品。

此外，AIGC的出现颠覆了传统的内容创作模式。设计师不仅能够利用AI工具提高创意性，还能在AI生成的基础设计上进行优化，最终形成具有个人风格和专业水准的作品。

6.4.1 游戏设计

在游戏设计中，AIGC主要应用于内容生成和场景构建。通过AI技术，游戏中的场景、角色、任务和对话均可自动生成，显著提升开发效率并丰富游戏内容。例如，AI可以根据游戏情节生成动态变化的游戏环境或独特的关卡设计，使游戏世界更加多样化。同时，AI还能够生成逼真的角色形象和动画，增强玩家的沉浸感，如图6-6所示。

6.4.2 装扮设计

AIGC在装扮设计中的应用展现了其在个性化、效率提升和创新性方面的巨大潜力。通过AI技术，系统可以根据用户的体型、肤色、场合需求等生成个性化的穿搭建议，从而提供更精准的装扮方案。此外，AIGC能够分析时尚趋势和设计元素，快速生成符合潮流的装扮搭配，帮助设计师获得灵感。同时，AI还能够虚拟试衣，提前展示穿搭效果，减少消费者选择的时间成本，如图6-7所示。

图6-6　AIGC生成的游戏角色

图6-7　AIGC生成的装扮效果

6.4.3 首饰设计

AIGC在首饰设计领域的应用，体现在设计草图生成和个性化定制方面。AI能够分析大量珠宝设计案例，快速生成多种首饰设计方案，帮助设计师在短时间内进行设计迭代。通过AI算法，设计师可以在创作初期生成多样化的首饰款式，从复杂的几何形状到精美的细节设计，AIGC 提供了丰富的设计选择。此外，AI 还能根据用户的偏好、预算和材料等要求，生成个性化定制的首饰设计，提升用户体验和设计师的创意表达。图 6-8 所示，是一款 AIGC 设计的首饰产品。

6.4.4 绘画

AIGC 技术在绘画领域，使艺术作品的生成变得更加智能和多样。AI 可以通过分析大量艺术风格数据，学习不同流派的绘画技巧，从而自动生成具有多种风格的作品。例如，AI 能够模仿印象派、立体派或超现实主义的画风，生成独特的艺术作品。同时，AI 还可以辅助艺术家进行创作，比如根据草图生成完整的作品，或通过智能填色工具加快创作进程，如图 6-9 所示。

图 6-8 AIGC 设计的首饰产品

图 6-9 AIGC 生成的绘画作品

6.4.5 摄影

AIGC 在摄影中的应用体现在图像生成、编辑和风格迁移等方面。AI 可以根据简单的描述或关键词生成逼真的摄影作品，为摄影师提供创意灵感。通过智能修图工具，AIGC 可以自动调整图像的光线、色调和构图，提升后期处理的效率。此外，AI 还可以实现图像风格的迁移，例如将普通照片转换为水彩画风格、油画风格或黑白风格的照片，丰富摄影作品的艺术表现力。AI 还能够通过图像补全、去噪和背景替换等技术，帮助摄影师快速优化作品，节省大量时间和精力，如图 6-10 所示。

6.4.6 服装设计

在服装设计领域，AIGC 主要应用于款式生成和个性化定制。AI 能够分析大量时尚趋势和色彩搭配数据，自动生成新颖的服装设计图案，为设计师提供灵感。同时，AIGC 还可以根据消费者的个性化需求生成专属的服装设计方案，实现高度定制化。AI 生成的虚拟服装模型可以直接用于虚拟试衣和在线展示，帮助时尚品牌提升营销和客户体验，如图 6-11 所示。

图 6-10　AIGC 生成的摄影作品　　　　图 6-11　AIGC 生成的虚拟服装

6.4.7　电影制作

AIGC 在电影制作中的广泛应用，极大提升了创作效率和作品质量。在剧本创作方面，AI 可以通过大数据分析生成故事情节、角色对话，辅助编剧构思剧情。视觉特效制作中，AIGC 能够自动生成复杂的场景和人物，减少人工建模和渲染时间，提升影片的视觉效果。此外，AI 还能生成逼真的虚拟演员，通过数字合成技术在电影中实现以假乱真的角色表演。声音设计中，AIGC 可以生成高质量的配音和背景音效，精准匹配影片情感氛围。图 6-12 所示是电影中由 AIGC 生成的虚拟场景。

6.4.8　建筑设计

AIGC 在建筑设计中同样发挥着重要作用，特别是在设计概念生成和方案优化方面。通过生成对抗网络和深度学习技术，AI 可以快速生成多种建筑外观设计方案，帮助设计师在短时间内探索不同风格和形式。AI 能够基于建筑功能要求和场地环境智能生成符合要求的建筑设计，减少烦琐的手工设计过程。同时，AIGC 还可以通过模拟分析建筑的能效和结构性能，进一步优化设计方案，使其更加可持续，如图 6-13 所示。

图 6-12　AIGC 生成的虚拟场景　　　　图 6-13　AIGC 生成的建筑室内设计作品

综上所述，AIGC 为艺术设计带来了革命性的变革，不仅显著提升了创意工作的效率和质量，还为设计师提供了全新的创作工具和方法，使他们在更高水平上进行创新。

6.5 小结

GAI 和 AIGC 技术在艺术设计领域的广泛应用，正在逐步革新传统的创作方式。通过深度学习、自然语言处理、生成对抗网络和扩散模型等 GAI 技术，AIGC 能够自动生成文本、图像、音频和视频等多种内容，大幅提升了设计效率与创作能力。

在游戏设计中，AIGC 能够生成丰富的场景、角色和任务，显著提高开发效率并增强玩家体验。在装扮和首饰设计领域，AIGC 为用户提供个性化建议和设计草图，优化设计师的创作流程。在绘画方面，AIGC 能够模仿多种艺术风格，辅助艺术家创作高质量作品。在摄影和服装设计中，AIGC 能够生成逼真的图像，并通过修图和风格迁移技术进一步优化作品质量。此外，AIGC 在电影制作中通过生成剧本、特效和虚拟演员，缩短了制作时间，提升了创作效率。在建筑设计领域，AIGC 能够快速生成建筑方案，优化结构和能效分析，推动可持续设计的发展。

习题

1. 什么是生成式人工智能？
2. 什么是深度学习模型，它在 AIGC 中的作用是什么？
3. 什么是扩散模型，在 AIGC 中如何应用该技术？
4. 预训练和微调对 AIGC 模型有什么作用？
5. Stable Diffusion 与其他图像生成平台相比有什么独特之处？
6. 请列举一些常见的 AIGC 文本生成平台，并分享你的使用体验。
7. 请列举一些常见的 AIGC 图像生成平台，并分享你的使用体验。

第 7 章

人工智能绘画技术及其工具

本章专注于人工智能绘画领域的技术与工具,主要内容包括:
- AI 绘画工具 Stable Diffusion 的安装与使用;
- ControlNet 插件及 LoRA 模型的操作方法;
- 文生图与图生图的生成技巧。

本章通过丰富的实践案例,帮助读者掌握 AI 绘画工具的使用技巧,并探索其在艺术创作中的潜力。

7.1 人工智能绘画概述

2022 年 9 月,由游戏设计师杰森·艾伦使用 Midjourney 完成的一幅名为《太空歌剧院》的画作,在美国科罗拉多州博览会数字艺术类别比赛中一举夺冠(图 7-1)。这个画作震惊四座,使人工智能绘画进入普通大众的视野,引起了社会各界的广泛关注。

按照目前的发展速度,人工智能绘画如同当年相机、数字绘画一样,必将给绘画设计行

图 7-1　杰森·艾伦使用 Midjourney 创作的《太空歌剧院》

业带来一场深刻的变革。让我们现在就开启奇妙的人工智能绘画之旅吧。

7.1.1 认识人工智能绘画

人工智能绘画（简称 AI 绘画）是指利用人工智能技术进行绘画创作或辅助创作的过程。它结合了计算机视觉、机器学习和生成模型等技术，能够创造出高质量的艺术作品。

除了生成艺术作品，AI 绘画还可以辅助艺术家的创作过程。例如，AI 可以提供创意灵感、自动生成草图或构图，帮助艺术家更快地实现创意。

AI 绘画的应用还包括图像修复和图像增强。通过训练模型，AI 可以识别和修复图像中的缺失或损坏部分，恢复图像的完整性。同时，AI 也可以增强图像的细节、色彩和对比度，提升图像的质量。

然而，需要注意的是，AI 绘画并不能取代艺术家的创造力和审美能力，它更多的是作为一种工具和辅助手段存在。艺术是一个充满情感和主观性的领域，艺术家的个人风格和创意依然是不可替代的。

7.1.2 人工智能绘画的发展过程

人工智能绘画是伴随着计算机硬件和软件技术的发展而逐步发展起来的，从无到有，主要经历了以下几个阶段。

1. 初始阶段

计算机绘图的起步可以追溯到 20 世纪 60 年代，当时使用线条和几何图形进行绘制。随着计算机硬件的发展，允许用户使用光标和显示器进行交互式绘图。例如，1963 年的 Sketchpad 系统是当时计算机绘图的一个里程碑。

2. 数字化阶段

随着数码摄影和扫描技术的进步，计算机绘图进入数字化图像阶段。1987 年，Adobe 推出了 Photoshop 软件，成为计算机绘画和图像编辑的重要工具。随后，各种计算机绘画工具开始出现，如 Corel Painter（1991 年）和 Autodesk SketchBook（2008 年）等。这些工具提供了更多的绘画功能和创作自由度。其中，1999 年荷兰代尔夫特理工大学的雅科·范达姆教授发明了 Artificial Intelligence Painter (AIPainter) 软件，这是第一个基于人工智能和计算机视觉的绘画软件。

3. 深度学习阶段

随着大数据和深度学习技术的发展，机器学习应用于绘画。2015 年，Google 开发了 DeepDream 算法，该算法通过使用卷积神经网络来产生具有艺术效果的图像。2016 年 Google Brain 研究团队提出了生成对抗网络的概念，这是一种能够生成逼真图像的深度学习模型，为 AI 绘画带来了重大突破。这使得 AI 绘画可以生成出符合特定艺术风格的作品，也可以根据用户的需求进行自由创作。

4. 快速发展阶段

2021 年年初，OpenAI 发布了引发巨大关注的 DALL-E 系统，实现了输入文字就可以绘画创作的可能，而且比之前生成的图片质量更高。2022 年 2 月，一款基于扩散模型的 AI 绘图生成器——Stable Diffusion 的出现，将 AI 绘画带入了发展的快车道。Stable Diffusion 和 Midjourney 软件的使用，尤其是 Stable Diffusion 的正式开源，让不同领域有更多人参与开发，使 AI 绘画技术得以普及，加快了技术的应用发展。

7.2 Stable Diffusion 基础

7.2.1 Stable Diffusion 软件介绍

Stable Diffusion 是一款基于人工智能的绘画软件，它采用了稳定扩散模型，可以自动生成高质量的创意绘画。而且，软件提供很多控制参数，可以对原有图像进行精准控制。同时，Stable Diffusion 为用户提供各种开源模型可以直接使用，而且模型种类丰富，更新速度快。所以，越来越多的用户使用 Stable Diffusion 软件进行 AI 绘画创作。

Stable Diffusion 软件另一个优势就是可以支持本地部署，用户无须依赖网络连接，可以在没有网络的情况下继续使用工具。也就是说即使在网络不稳定或断网的情况下，用户仍然能够使用 Stable Diffusion 进行绘图创作。

7.2.2 Stable Diffusion 界面介绍

运行 Stable Diffusion webui.bat 在浏览器打开操作界面，如图 7-2 所示，将界面划分成 A、B、C、D 四个部分进行分别介绍。

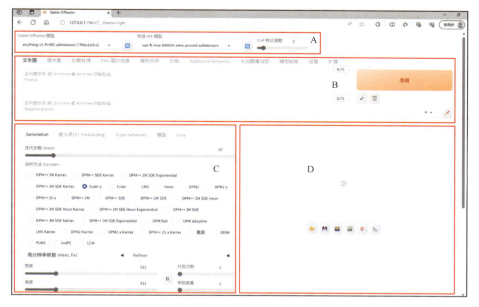

图 7-2　Stable Diffussion 界面布局

1. A 框中是基础模型的选择区域

Stable Diffusion 模型可以切换绘画时使用的基础模型（简称底模），确定 AI 绘图的画风，如二次元、真人写真、3D 画风等。

外挂 VAE 模型可以理解为一个小模型或者插件，主要功能是进行画面色度调节的后期微调，比如增加画面对比度、饱和度，修正一些畸形问题等。

CLIP 终止层数设置为 1 到 12，值较小，生成的图像会含有丰富提示词内容；值较大，生成的图像会忽略较多的提示词细节。

2. B 框中是图像处理的主要方式

其包括文生图、图生图、后期处理、PNG 图像信息、模型融合等。

以文生图为例，在正向提示词框中输入对所需画面的描述内容，在反向提示词框中输入画面不希望出现的内容，然后单击"生成"按钮，等待图片生成。需要注意的是，提示框内只能输入英文，所有符号都要使用英文半角符号，词语之间使用半角逗号隔开。

3. C 框中是图像生成参数设置和其他模型的选择

迭代步数（Steps）：控制图像去除噪声步骤的数量。一般情况下，使用默认值 20 个步骤，就足以生成任何类型的图像。如果采样器使用大量步骤，则很可能只会浪费时间和 GPU 算力，反而不会提高图像质量。所以，生成图像时，一般先用小步骤去测试，找到合适的提示词后再提升步数。

采样方法（Sampler）：采样器算法，它们在每个步骤后获取生成的图像并将其与文本提示请求的内容进行比较，然后对噪声进行一些更改，直到它逐渐达到与文本描述匹配的图像。用户最常用的三个采样器分别是 Euler a、DDIM 和 DPM++ 系列。DPM++ 2M、DPM++ 2M Karras 偏二次元风格；UniPC 偏动漫风格；Euler a、DPM++ SDE、DPM++ SDE Karras 偏写实风格。而 LMS、DPM fast 虽然出图快，但有可能生成的人物形象是不完整的。

生成批次和每批数量：生成批次是每次生成几批图片，每批数量是每批生成几张图片。也就是每单击一次"生成"按钮，生成图片的总数 = 生成批次 × 每批数量。需要注意的是，每批数量是显卡一次所生成的图片数量，速度要比生成批次快一点，但是调得太高可能会因显存不足导致生成失败，而生成批次不会导致显存不足，只要时间足够会一直生成，直到全部输出完毕。

提示词相关性（CFG Scale）：CFG 这个参数可以看作"创造力与提示"量表。较低的数字使 AI 有更多的自由发挥创造力，而较高的数字迫使它更多地坚持提示词的内容。默认的 CFG 值是 7，这在创造力和生成你想要的内容之间是最佳平衡。通常不建议该值低于 5，因为图像可能看起来更像 AI 的幻觉，而高于 16 可能会产生带有丑陋伪影的图像。

4. D 框中是生成图像显示区域和对生成图像进行操作的按钮

按钮从左到右依次为：打开文生图的文件夹，方便查看历史曾经渲染过的图像；保存，可以将生成的图片下载；图生图，将当前生成的图片，发送到图生图进行修改；重绘，发送到蒙版进行重绘；后期处理，送到后期处理进行调整；图片信息，图片的提示词、负面提示词、采样模型、步数、生成时间等基础信息展示。

7.2.3 Stable Diffusion 模型类型介绍

Stable Diffusion 是一种文本生成图片的大模型。它可以使用不同种类的模型生成图片，每种模型都有特定的功能，从而实现对不同细节的定制化处理。

1. CheckPoint 模型

CheckPoint 模型是 Stable Diffusion 的主模型，也称为底模或主模，包含了大量的场景素材，所以它的体积很大，一般有几个 GB 的大小，其他模型都是在它的基础上做一些细节的定制。常见模型文件的后缀为 .ckpt 或 .safetensors，保存在安装路径 models 文件夹下的 Stable-Diffusion 文件夹内。

2. LoRA 模型

LoRA 模型是一个微调模型，主要用于对人物进行定制，相比于主模型，LoRA 模型更加轻巧，训练效率也更高，其体积一般在几百 MB。LoRA 常见模型文件的后缀为 .ckpt、.safetensors、.pt，保存在安装路径 models 文件夹下的 Stable-LoRA 文件夹内。

3. VAE 模型

VAE 模型是一个美化模型。VAE 模型主要用于增加图像饱和度，美化图像色彩，降低图像灰度感。很多主模型已经内置了这个功能。其文件的后缀为 .ckpt、.pt，保存在安装路径 models 文件夹下的 VAE 文件夹内。

4. Embedding 模型

Embedding 模型是一个嵌入模型。Embedding 模型的主要作用是调教文本理解能力，可以简单理解为将提示词打包到一个文件。当套用这个模型的时候，就相当于把所有的提示词输入到提示词文本框。其文件大小一般为几十 KB，文件后缀为 .pt，保存在和 models 文件夹并列的 Embedding 文件夹内。

5. Hypernetwork 模型

Hypernetwork 模型是一个超网络模型。Hypernetwork 模型的主要功能是定制生成图片的画风和风格。通过使用 Hypernetwork 模型，可以对生成的图片进行更加细致的风格调整和定制化处理。其文件大小一般为几十 KB，文件后缀为 .pt，保存在 models 文件夹下的 Hypernetworks 文件夹内。

我们可以去一些网站免费下载、安装和使用上述模型。部署完 Stable Diffusion，并对它进行了基本了解后，就可以体验它强大的绘图功能了。让我们从最基础的文生图开启 AI 绘画的奇妙之旅吧。

7.3 文生图

7.3.1 提示词书写方法

文生图顾名思义就是通过文字描述生成图像，这就需要我们在文本提示词框中输入想要图像的文字描述。提示词书写要求用英文，多个提示词之间用英文逗号隔开。例如，我们想要一只猫的图片，在正向提示词框中输入1cat，单击"生成"按钮，稍等片刻图像显示区域就会输出一只猫的图片，但这只小猫看起来前腿有些问题（图7-3）。这就需要提供反向提示词，如"morbid, bad anatomy,mutated hand,bad hands,fused fingers，missing fingers"等，来避免一些畸形问题的出现。

图7-3　简单的文生图

但一般情况下，我们想要的图像不会这么单一，对于复杂的图像可以确定好画面主题之后，添加主题的一些细节内容，比如上例中小猫的品种、毛发、五官、体态、动作等，然后考虑画面背景、氛围等。

当我们在正向提示词框中加上 Breed: Persian，Coat color: brown，Fur length: Long，Facial features: Small nose, round eyes, expressive face，Ear type: Small and rounded，Body shape: Medium to large size with a stocky build，Tail: Fluffy and bushy，Background:living room，结果会生成以起居室为背景的一只棕色的猫，图像也就变得生动起来了（图7-4）。

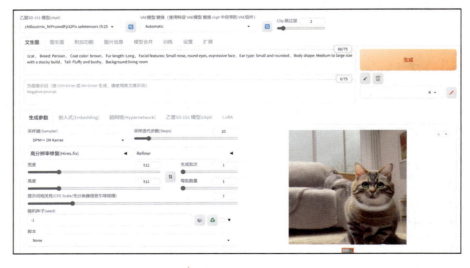

图7-4　添加细节提示词的猫

在此基础上，为了提高图像质量，可以在正向提示词的最前面加入提高画面整体质量的提示词，如 best quality，masterpiece，extremely detailed，4K CG wallpaper，然后在反向提示词中加入低质量提示词，避免低质量的图像出现，如 lowres,bad anatomy,worst quality。

这样生成的图像主题更突出，细节更丰富。小猫眼睛的光影层次和毛发纹理都表现得非常细致（图7-5）。

图7-5　添加画面质量提示词后的猫

和摄影一样，我们也可以对图像的画面提出一些具体要求，比如光线照明效果、主题色调、构图方法、表达的情绪等。所以，比较全面的提示词书写模板是：前缀+主体+环境(背景)+画面风格+照明+色彩+情绪+构图+渲染方法。前缀通常是对画面整体质量进行的说明。

正向提示词有：masterpiece ,best quality,highres, original,extremely detailed wallpaper, extremely detailed CG, perfect lighting,Clear,Rich in details,Vibrant colors,Accurate perspective, Smooth lines,Good composition,Accurate proportions,Strong sense of depth,Natural brushstrokes。

反向提示词有：lowres, error, cropped, worst quality, low quality, jpeg artifacts, out of frame, watermark, signature,blurry,ugly, Chaotic composition, Disproportionate elements。

提示词的权重也就是其内容出现在图像中的机会，提示词默认权重值为1。在不做任何调整的基础上，提示词权重和提示词出现顺序有关，排在前面的提示词往往要比排在后面的提示词权重高。我们也可以使用提示词加括号和数值的方法，来强调某个提示词的权重，方法如下。

1. 数值调整法

给关键词加上括号和一个数值，如 (关键词数值)。数值范围是0.1到100，其中默认值是1。如果数值小于1,表示减弱权重；如果数值大于1,表示增强权重。例如, (1cat:1.2)、(round eyes:1.4)、(Coat color: brown:0.9)。

2. 括号调整法

在关键词两端加上一层或多层圆括号、方括号或大括号，最多加3层括号来调整其权重。每增加一层圆括号，权重增强 1.1 倍；每增加一层大括号，权重增强 1.05 倍；每增加一层方括号，权重减至约 90.9%。例如，(1cat)、(((cat ears)))、{round eyes}、[Coat color: brown]，则相当于 (1cat:1.1)、(cat ears:1.331)、(round eyes:1.05) (Coat color: brown:0.909)。

可以看出，使用圆括号加权重值的方法更为简洁直观，权重值大小调整一般控制在 0.5 到 1.6 之间，太小或太大的权重值都有可能造成图像崩坏。

我们继续对前面的例子进行调整。如果想要只蓝色圆眼睛的猫，则可以将 round eyes 改成 round blue eyes，但经过几次生成，并没有得到想要的效果。这时可以考虑调整该提示词的权重。将 round blue eyes 调整到主题词 1cat 的后面，这时就很容易得到蓝色眼睛的猫图像了（图 7-6）。

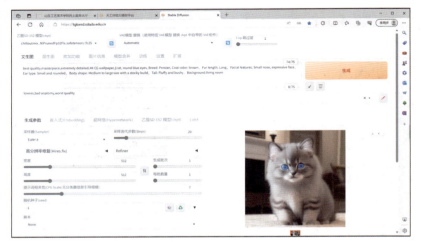

图 7-6　蓝色圆眼睛的猫

另外，如果强调图像背景是雪地，则可以在不调整提示词位置的情况下提升某个提示词权重，如将背景调整为 (Background:snow ground:1.3)。这样生成的图像就是雪地里的一只小猫（图 7-7）。

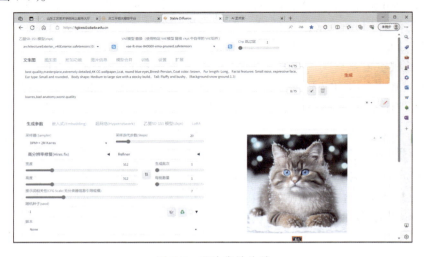

图 7-7　雪地背景的猫

7.3.2 生成参数调整

确定好提示词以后,可以根据需要调整生成画面的一些参数。

1. 采样器

采样器可以被认为是一个"解码器",它将随机的噪声输入转换为采样的图像。不同的采样器使用不同的算法,目前 Stable Diffussion 提供了 30 种采样器。其中比较传统的采样器包括 LMS、LMS Karras、Heun、Euler、Euler a、DDIM 和 PLMS,常用的是 Euler、Euler a,其成图速度快,画面比较柔和。DPM 系列采样器最推荐 DPM++ 2M Karras,生成图像质量好,而且速度比较快。DPM++ SDE Karras 采样器,能产生具有大量细节的高质量图像,但速度比较慢。DPM++ 3M 系列采样器需要将生图迭代步数设置较多,高于 30 步效果更好。同名采样器加 a 表示基于祖先采样器不收敛,也就是每次迭代时都可添加一些细节变化。同名采样器加 Karras 表示该算法速度有所提升,就像汽车加了涡轮发动机一样。

2. 采样步数

采样步数范围是 1 到 150,理论上数值越高,细节越多,渲染越慢。但建议设置在 20 到 40 之间,设置过低去噪不完全,图像模糊,而设置过高图像则会添加过多的随机内容。

3. 图像尺寸设置

前面的示例一直采用默认的 512×512 像素分辨率的图像,我们可以根据需要调整图像尺寸,常见的图像宽高比例一般有 1∶1、3∶2、4∶3、16∶9。当然,图像分辨率越高,对内存需要越大。这里我们将图像的宽和高设置为 800×600 像素,则图像构图也随之发生相应的变化,图像景深增大,小猫形态也和上面图像不同(图 7-8)。

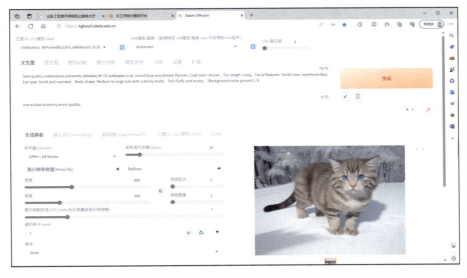

图 7-8 调整画面大小

4. 生成批次

生成批次是指按下"生成"按钮后，一次可以生成几批图片。

5. 每批数量

每批数量是指一个批次同时对几张图片进行去噪处理，数量越多，对显卡算力要求越高。

一次生成图片的总数＝生成批次×每批数量。例如，将生成批次设置为2，将每批数量设置为4，则会生成8张图片（图7-9）。

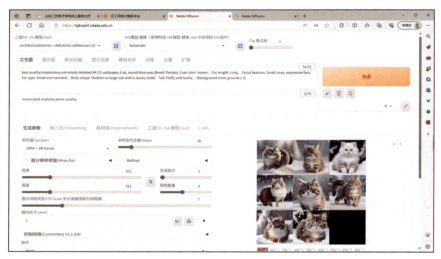

图 7-9　调整图像生成数量

6. 提示词相关性

提示词相关性（CFG）是指生成图像结果和提示词关系的紧密程度，其范围从1到30，默认值为7。一般将 CFG 设置为5~15之间是最常规和最保险的数值。过低的 CFG 会让出图像饱和度偏低，过高的 CFG 则会出现粗犷的线条、色块或过度锐化的图像，甚至于画面出现严重的崩坏。如果希望得到边缘锐化较高的图片，那么可以将迭代步数提高，当迭代步数超过60以后，图像基本不再出现崩坏现象，但图像输出过程较慢。当然也可以借助于一些插件避免出现图像崩坏。

我们学习了提示词技巧以后，现在来生成一个小女孩的盲盒玩具（图7-10）。将 CFG 设置为30，将 steps 设置为60，输出的图像色彩艳丽，形态逼真。

7. 随机种子

随机种子（seed）用于初始化图像生成过程。相同的种子值每次都会产生极为相似的图像集，这对于图像再现性和一致性很有帮助。如果具有相同参数、提示词和随机种子，则会产生完全相同的图像。如果单击随机种子右侧第一个按钮（骰子图标），将种子值保留为–1，则每次运行文本生成图像时将生成一个新的随机种子，也会产生新的随机图像。单击第二个按钮（绿色循环图标），将图7-10中的随机种子调入文本框，修改 CFG 为20，steps 为50，则会生成与图7-10类似的图像（图7-11）。

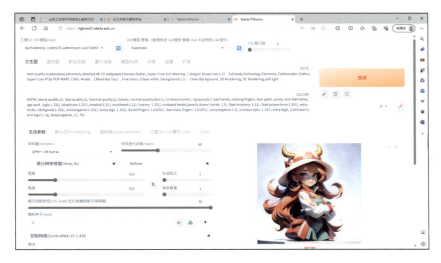

图 7-10　盲盒玩具

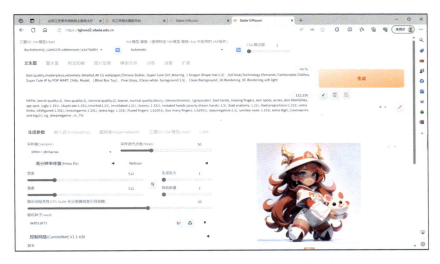

图 7-11　利用随机种子生成类似图像

seed 对于优化图像非常重要，可以在出图比较满意的时候把 seed 固定，对其他参数再进行调优。在 seed 的 extra 里，还有两个选项：Variation seed 和 Variation strength。这两个参数用来在原图的基础上做调整。Variation seed 是一个新的随机种子，Variation strength 变化值从 0 到 1，表示新的图片是更接近于原始 seed 还是 Variation seed。一般用于在已经确定一个比较好的 seed 之后，在这个 seed 的基础上再做一些随机变化，生成一批比较相似但又有差异的图像（图 7-12）。

图 7-12　随机种子参数调整对比图

8. 脚本

脚本（script）是 Stable Diffussion 进行功能扩充的一个工具。图 7-12 就是使用脚本生成的多张对比图像。单击右侧下拉按钮，会打开其中的多个选项（图 7-13）。

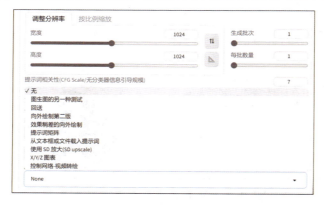

图 7-13 脚本参数选项

由于篇幅有限，这里只以 X/Y/Z 图表为例，来讲解脚本的使用方法。当要使用多个参数进行生图效果对比时，我们可以在这个图表分别设置 X、Y、Z 各个参数，并在后面的选项中设置具体变化数值。比如，我们要对比每个模型在不同迭代步数下生成图像的效果。我们在 x 轴选择 steps，数值设置为"5-30（+5）"，表示步长从 5 到 30，变化幅度为 5，即步长为"5、10、15、20、25、30"，当然也可以使用这种书写方式。在 y 轴选择 CheckPoint 模型，在数值项单击下拉按钮选择要测试的模型名称。

设置结果图中的显示内容，如本例选择"显示轴类型和值""预览子图像""预览子宫格图"，将宫格边框设置为 6 像素。为了生成相似图像以方便对比结果，记得把随机种子设置为一个固定值，本例设置为"123456"（图 7-14）。结果按照设定生成多张"身穿汉服的女孩"对比图（图 7-15）。如果图例显示不合适，则还可以在参数设置下面互换 x、y、z 轴的显示内容。这样就可以很方便地识别每个模型的成图风格和对比同个模型下不同步长的成图效果。

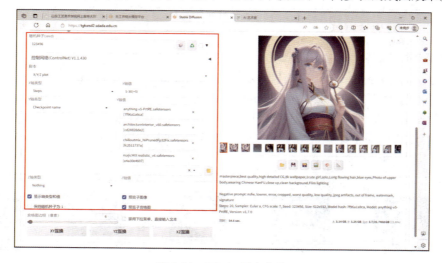

图 7-14 X/Y/Z 图表参数

需要说明的是，脚本设置的参数优先级别高于其他位置相应的参数设置。例如，上例步长设置会按照"5，10，15，20，25，30"来处理，而不是按照"20"的步长生成图像。

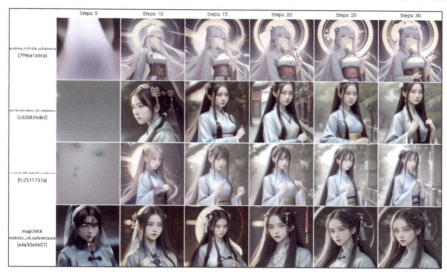

图 7-15　按照脚本设置生成的对比图

9. 高分辨率修复

通过较低分辨率快速生图，选择好喜欢的画面内容后，再固定所有参数（尤其是种子值），开启高分辨率（Hires.fix）修复，来提升画面质量。这样能节省生图的时间和计算机算力。

主要参数设置有：放大算法，写实风格一般选用"R-ESRGAN 4X+"，插画风格选择"R-ESRGAN 4X+ Anime6b"。重绘幅度数值越大，图片改动越大，反之同理。放大倍数取决于你需要把图片分辨率放大多少。可以整数倍调整，也可以设置具体的宽高数值，一般保持原有图像的宽高比例。迭代步数与上面的一样，一般不需要调整。另外，记得固定随机种子，保证在原有图像的基础上进行调整。高分辨率修复图像效果如图 7-16 所示。

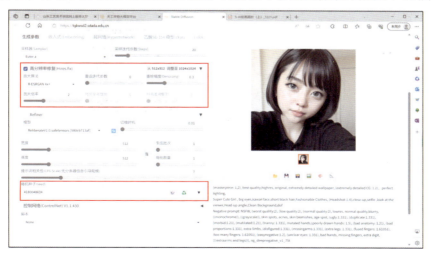

图 7-16　高分辨率修复图像

10. 精修

精修（Refiner）是指在原图基础上，让另外一个生图模型参与到图像的生成中。"切换时机"从 0.01 变化到 1，值越高，新模型参与图像输出越晚，影响就越小。当值设置为 1 时，Refiner 不起作用，官方推荐值为 0.8。

选中 Refiner，在模型中选择写实胶片肖像模型 Reliberatev 1.0，将"切换时机"设置为 0.5，用来提升图像的画面质感和细节层次（图 7-17）。将"切换时机"设置最低为 0.01 时，图像基本按照 Reliberatev 1.0 模型来成图，图像变化较大（图 7-18）。

图 7-17　Refiner 精修图像

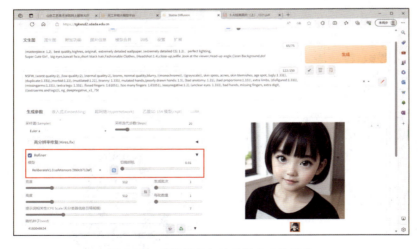

图 7-18　新模型参与过早所生成的图像

7.4　图生图

7.4.1　图生图的常用功能

Stable Diffusion 中图生图就是在给定图像的基础上，通过设置相关参数生成新的图像。

当仅依靠提示词描述不能达到需要的效果时，我们可以直接给出参考图（俗称垫图），让 AI 自动识别图像内容和风格，生成需要的图像。

除此之外，图生图还可以实现以下操作：根据图片反推获取提示词；对原图进行拉伸、裁剪等变动；将原图的一部分重绘，例如，换脸、换衣服；根据手绘简稿出成品图；修改图片的风格，实现真人风格和动漫风格的互换。

图生图界面和文生图界面基本一致，主要区别是多了一个导入图片的区域和下面的重绘幅度选项（图 7-19）。图片上传有两种方式：将图片直接拖入图片区域或者单击图片区域在计算机文件夹内打开上传。重绘幅度指对参考图片修改的程度，数值范围从 0 到 1，数值越大，对原图的修改越多。保持原图效果一般设置为 0.3 到 0.5，如果想提高 AI 自由创作空间，则可设置为 0.5 到 0.7。

图 7-19　图生图界面

图生图一般步骤：上传图片，写提示词，修改参数。下面分别介绍图生图的各项功能。

1. 调整原图大小

拉伸：把图片硬拉到设置的尺寸，图像有变形。

填充空白：将图片结束位置的像素信息填充到扩充区域。

裁剪：把图片裁剪到设置的比例，部分图像被去除。

仅调整大小：有的界面可能翻译为直接缩放，功能类似于拉伸，但在采集噪点时具有随机性，使图像变得模糊，一般不用此模式。

将 512×512 像素图片上传后，将重绘幅度调整为 0，宽度调整为 768 像素，高度不变。则选择不同缩放模式产生的效果，如图 7-20 所示。

(a) 原图　　　　(b) 拉伸　　　　(c) 填充空白　　　　(d) 裁剪　　　　(e) 仅调整大小

图 7-20　不同缩放模式效果对比

2. 转换图像风格

将某种风格的图像转换成其他风格，上传图片后，选择想要的图像底模，单击 按钮调整图像大小和原图一致，设置重绘幅度在 0.3 到 0.5 之间，输入图像主要提示词，即可按新风格生成图像。我们可以借助于"提示词反推"来获取图片的提示词信息，再根据需要进行删减，这样会方便很多。如图 7-21 所示，可轻松地将图片进行不同风格转换。

(a) 真人风格　　　　　　　(b) NIJI风格　　　　　　　(c) 国风风格

图 7-21　不同风格图像对比

7.4.2　图像局部修改

在图生图中，对于图像的局部修改包括涂鸦绘制、局部重绘、涂鸦重绘、上传重绘蒙版和批量处理几种方法。涂鸦绘制没有蒙版，其余几种都使用蒙版功能，只有涂鸦重绘笔刷颜色影响出图颜色。上传重绘蒙版和批量处理都需要提前绘制蒙版图像，达到精准控制。

1. 涂鸦绘制（手绘修正）

涂鸦绘制可以在原图上增加元素或修改原图的元素。调整图片右上角笔刷大小和颜色，在参考图上涂抹绘制，绘制内容将覆盖原图。如果要重新涂抹，则可以单击"撤销"按钮返回上一步,也可以使用橡皮擦去除全部涂抹内容。

本例将图片中的小兔子图案涂抹成一只粉色小熊,无提示词,将重绘幅度设置为 0.3,则涂鸦内容会替换原图中的兔子(图 7-22)。接下来在头发上涂一点,然后在提示词中输入"flower",将重绘幅度设置为 0.5,则两处涂抹区域变为"花"元素(图 7-23)。

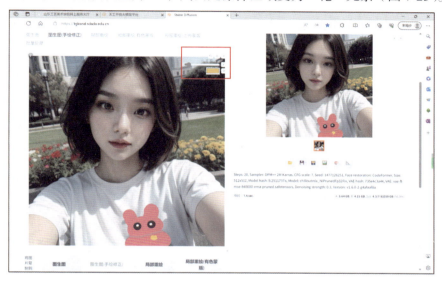

图 7-22　涂鸦绘制

图 7-23　按提示词替换涂鸦区域

2. 局部重绘

利用蒙版对图像局部进行重新绘制,通过调整其参数控制修改区域,可控性增强。笔刷颜色不起作用,只是用来绘制蒙版区域,方法如同涂鸦绘制。界面增加了对蒙版绘制的设置参数(图 7-24)。

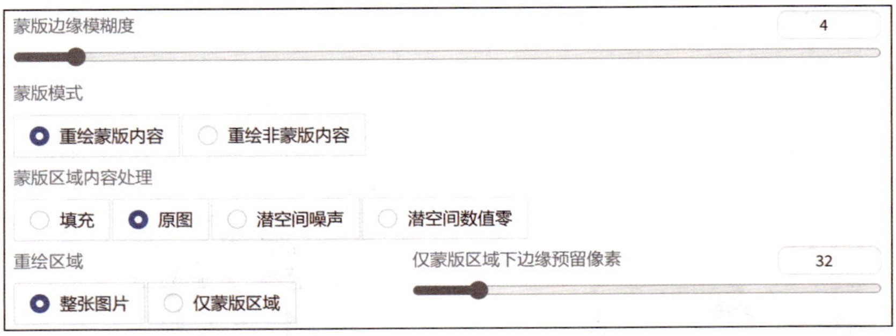

```
蒙版边缘模糊度                                              4
━━━━━━━━━━●━━━━━━━━━━━━━━━━━━━━━━━━━━━
蒙版模式
 ● 重绘蒙版内容      ○ 重绘非蒙版内容
蒙版区域内容处理
 ○ 填充    ● 原图    ○ 潜空间噪声    ○ 潜空间数值零
重绘区域                    仅蒙版区域下边缘预留像素      32
 ● 整张图片  ○ 仅蒙版区域   ━━━━━━━━━●━━━━━━━━━
```

图 7-24　局部重绘参数

（1）蒙版边缘模糊度：蒙版区域边缘的羽化程度，范围从 0 到 64。根据绘制精确程度设置模糊值，精确绘制，模糊值可设置较小。但适当增加模糊值，可使修改后的内容和周围像素融合较好，效果更加自然。有多个蒙版区域时，模糊值是可以单独设置的。

（2）蒙版模式：重绘蒙版内容是指绘制区域为蒙版区域，重绘非蒙版内容是指重绘蒙版区域以外的内容。

（3）蒙版区域内容处理：按什么方式处理要修改区域的图像内容。填充是将原图内容删除后再重新生成，周围像素颜色影响生成结果；原图是根据图像原有内容进行处理，原图内容影响生成结果；潜空间噪声是原图的噪声对生成内容有影响；潜空间数值零，这种方式与原图没有关系，生成全新内容。

（4）重绘区域：选择"整张图片"，并不会改变非蒙版区域的内容，只是指蒙版在全图架构下进行重绘，优点就是内容与原图融合更好，缺点是细节不够好；选择"仅蒙版区域"，会把蒙版区域的尺寸拉高到原图的尺寸进行重绘，然后缩放回去，优点就是细节更好，但与原图融合不够好。

（5）仅蒙版区域下边缘预留像素：上面重绘区域选择"仅蒙版区域"时，为使重绘内容与周围更好衔接，可以设置"仅蒙版区域下边缘预留像素"，扩大蒙版区域，将周围原图的像素内容放到蒙版里进行计算。当然这部分内容不会被重绘，只是作为一个计算参考。

本例的目标是给图中别墅院子里添加游泳池。在右侧草坪区域绘制蒙版，重绘蒙版区域，蒙版模糊值设为 3，以填充方式重绘整张图片，重绘幅度设为 1。正面提示词输入"swimming pool full of blue water"，反向提示词输入"people,animals,font,watermark"，一次生成 4 张图片，结果如图 7-25 所示，在图片中添加了"游泳池"内容。

3. 涂鸦重绘（有色蒙版局部重绘）

涂鸦重绘与局部重绘的区别是允许使用多色画笔绘制蒙版，并将颜色作用于结果图中，尤其在蒙版重绘区域处理选择"原图"方式时，作用更加明显。如图 7-26 所示，在提示词中输入"grass and many flowers"，根据涂抹颜色生成对应的草地和花朵。同时，涂鸦重绘还多了一个"蒙版透明度"参数，范围从 0 到 100，值越大蒙版区域越透明，修改力度越小。如图 7-27 所示，将蒙版透明度设置为 50，结果只是将涂鸦区域颜色以半透明状态附加在蒙版区域。当透明度为 100 时，不再有蒙版区域，系统报错。

第 7 章 人工智能绘画技术及其工具　　131

图 7-25　局部重绘

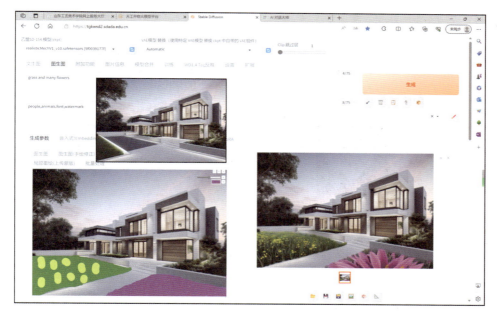

图 7-26　有色蒙版重绘

4. 上传重绘蒙版（局部重绘）

前面几种蒙版区域的绘制都是手绘，精确度较低。当我们对重绘区域要求精准控制时，可以采用这个模式上传蒙版图片来完成。这就需要其他软件如 Photoshop 等进行预先抠图绘制蒙版，保存成图片，在蒙版区域上传，控制局部重绘区域。如图 7-28 所示，使用上传的公鸡图像蒙版，精准控制公鸡主体区域，通过重绘蒙版外区域给图像更换背景。

图 7-27　提高有色蒙版透明度

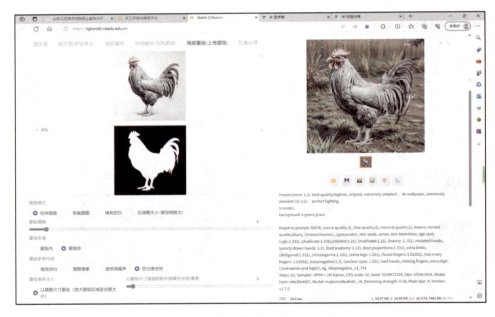

图 7-28　使用蒙版图像局部重绘

5. 批量处理（局部重绘）

批量处理功能可一次性处理多幅图像，提高工作效率。将要处理的所有图像放在输入目录中。指定一个空的目录作为图像的输出目录。为每个图像修改区域做蒙版，以文件形式保存在蒙版输入目录。需要说明的是，蒙版文件要和处理的图像文件设置为同名文件，且文件名不允许出现中文符号和空格。做好这些准备，即可启用批量局部重绘功能来处理多幅图像。

7.5　ControlNet 插件的使用

ControlNet 是 Stable Diffusion 推出的一款功能强大的插件，它通过线稿、动作识别、深度信息等对原有图像进行控制，用户可以手动编辑原图像，控制其某些属性，改变图像的画风、动作、颜色等，生成新的图像。有人说 ControlNet 的出现，使 Stable Diffusion 从玩具变成了工具，可见 ControlNet 在 Stable Diffusion 中的重要作用。

ControlNet 应用领域非常广，如时尚设计师可以输入不同款式和图案，快速生成服装设计样品；游戏设计者可以使用该插件快速生成不同主题和风格的游戏资源，如不同时代的建筑、服装、植被等；电商商家可以控制 AI 模特的动作，摆出相应的姿态等。

7.5.1　ControlNet 安装方式

在 Web UI 界面，打开"扩展"项，选择"可用"选项，单击"加载自"按钮，在下面列表中找到 ControlNet 插件，单击右侧 Install 按钮，完成安装（图 7-29）。

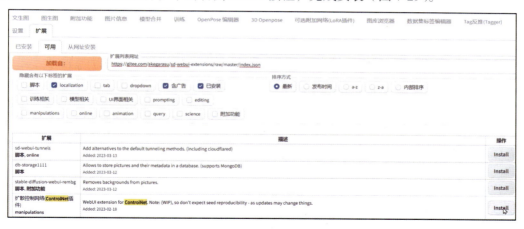

图 7-29　通过扩展项加载安装 ControlNet 插件

ControlNet 安装成功后，在"扩展"项选择"已安装"，可在下面列表中看到已安装的 ControlNet 插件（图 7-30）。接下来安装 ControlNet 模型，先安装预处理模型，打开 AI 所在的根目录下的 novelai-webui\extensions\sd-webui-controlnet\annotator，将对应的预处理模型放进这个文件夹中，而 ControlNet 所需模型则放在 novelai-webui\extensions\sd-webui-controlnet\models 文件夹下即可。

单击"应用并重启用户界面"，即可在"文生图"界面中看到 ControlNet 插件。

7.5.2　ControlNet 界面和参数

在文生图界面下半部分，展开 ControlNet 插件，即可看到其参数设置（图 7-31）。

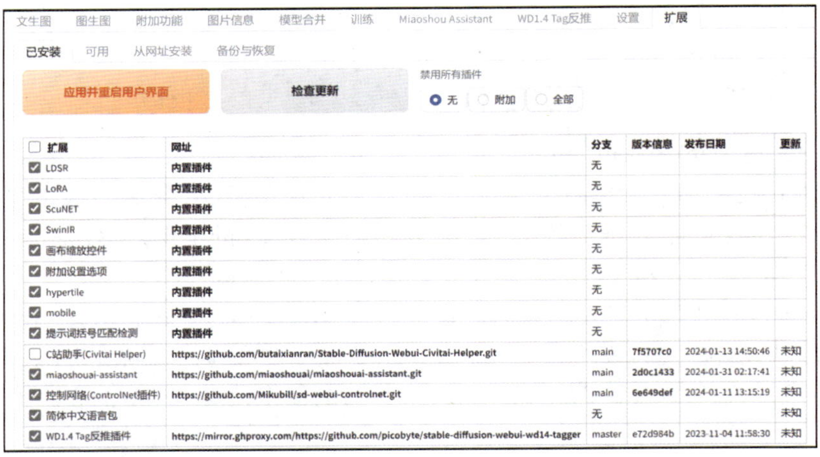

图 7-30 查看 ControlNet 安装成功

图 7-31 ControlNet 参数设置

1. 参考图像操控按钮

从左到右依次为新建画布、启用摄像头、镜像翻转摄像头画面、将画布尺寸发送到上面生成图像尺寸。

2. 基础控制

（1）启用：是否启用 ControlNet，只有启用才会通过 ControlNet 的相关设置引导图像生成。

（2）显存优化：如果显卡内存小于或等于 4GB，建议选中此选项，后续模型会采用一些低消耗的处理算法，出图速度会降低。

（3）完美像素：开启可以生成更高质量的图像，尤其在控制图和输出图的尺寸比例不一致时，建议选中这个选项。

（4）开启预览：选中可以查看预处理器的效果。

3. 预处理器与模型筛选

（1）预处理器：可以理解为预先处理结果，此功能不依赖于模型，模型的使用是根据预处理之后的结果图像来进行生成的。

（2）模型：该列表的模型必须与预处理器选项框内的模型名称对应。一般选择一种模型后系统会自动更换为该模型的预处理器。如果预处理器与模型不一致也可以出图，但效果无法预料，且并不理想。ControlNet 区域内的模型选择框与左上角的模型选择框不一样，这是模型算法的方式选择，如果希望更改基础大模型，还是需要通过左上角的模型选择来控制的。

4. 权重控制和控制模式

（1）控制强度：数值越大对图像控制强度越高。需要注意的是并不是数字越高越好，越高给到 AI 模型的可操作空间就越小，很可能出不了好的作品。

（2）控制介入时机：ControlNet 开始介入控制的时刻，数值 0 到 1，表示在迭代步数的百分比位置参与控制。例如数值为 0.3，迭代步数 20 步，表示从第 6 步开始控制。

（3）控制结束时机：ControlNet 退出控制的时刻，如果设置为 1，表示 ControlNet 模型控制会一直介入直到渲染结束，设置为 0.8 就意味着到 80% 的时候，画面将不再受 ControlNet 模型的控制。

5. 控制模式（可以直接用默认）

（1）均衡：ControlNet 权重与 Prompt 权重各占一半，生成图片时相互影响。

（2）以提示词为主：Prompt 提示词占用生成时的更高权重。

（3）控制网络为主：ControlNet 参数占用生成时的更高权重。

6. 缩放模式（根据实际需要选择）

当控制图（ControlNet 里面用到的参考图）的尺寸与目标图（文生图里面要生成的图）的尺寸不一致时，需要配置这组参数，否则不用考虑。

（1）拉伸原图：变更控制图的长宽比以适应目标图的尺寸比例。

（2）剪裁原图：对控制图进行裁剪以适应目标图的尺寸比例。

（3）填充空白：对控制图进行缩放，保证整个控制图能塞到目标图中去，然后对多余部分进行空白填充。

7.5.3 ControlNet 模型的使用

ControlNet 模型一直在发展变化中，目前共有 18 个模型，根据其算法和特点，划分为以下几种类型。

1. 线稿类（5 个）

在这类模型中，提供一幅参考图后，用各种预处理器来处理成线稿，然后基于这个线稿再让 AI 对图像进行美化。

（1）硬边缘（Canny）：线稿硬朗，细节较多，适用于为线稿上色，或将图片转化为线稿后重新上色，比较适合人物。

（2）线稿（Lineart）：提取的图像目标边界将保留更多细节，此模型适合重新着色和风格化。

（3）软边缘（SoftEdge）：提取线条较为柔和，突出绘制人物的明暗对比，使轮廓更加鲜明，可以在保持原有构图的基础上改变画面风格。

（4）涂鸦/草稿（Scribble/Sketch）：涂鸦或草稿笔触，忽略细节，生成的内容会更加富有创意和未知性（图 7-32）。

图 7-32　涂鸦线稿

（5）直线检测（MLSD）：对图片线条结构和几何形状进行分析，只提取图像里面的直线段内容，可以实现建筑外框结构的构建，非常适用于建筑、室内设计等领域。

图 7-33 是基于一个大模型和相同提示词，对同一张图片在不同线稿模式中生成的线稿图和效果图。可见 Canny 模型对于原图保留细节最多，而 Scribble 和 MLSD 基本由 AI 根据提示词自由发挥了。

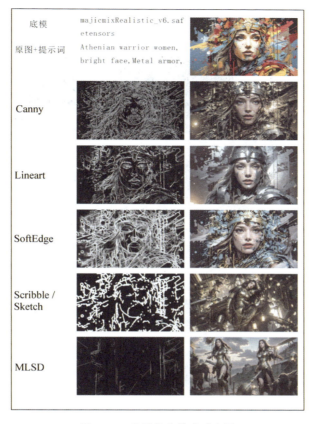

图 7-33 不同线稿模式对比图

当使用绘制的线稿来生成图像时,为了更好地复原线稿图,可以在预处理器中选择反色处理,直接反转成黑底白线稿来出图(图 7-34)。当然,如果希望给予 AI 更大的发挥空间,则可以使用 MLSD 线稿模式提取线条来控制出图(图 7-35)。

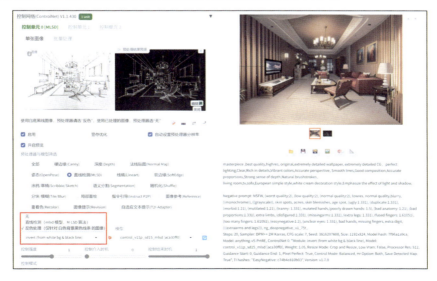

图 7-34 反色处理线稿图

图 7-35　直线检测线稿图

2. 结构类（3 个）

（1）深度（Depth）：根据空间深度显示前后关系，前面显示白色，后面显示黑色，从前到后颜色依次加深。

（2）语义分割（Segmentation）：使用不同颜色表示不同实物，譬如粉色是建筑物、绿色是植物等，然后交给模型去对应出图。

（3）法线贴图（Normal Map）：通过颜色来区分物体表面的凹凸情况，适用于三维立体图的场景绘制。

图 7-36 是三种结构类模型生成的预处理图片和效果图，可见这种模型对于立体场景的绘制效果还是比较好的。

3. 姿态（OpenPose）

OpenPose 模型适用于提取参考图片中人物动作姿态，然后应用在新的对象上。其预处理器又包括下面几种类型（图 7-37），可根据需要进行选择。

在图像区域上传参考图，选择 OpenPose 模型中的"姿态、面部和手部"选项，单击"爆炸"按钮，生成姿态预览图。也可单击预览图右侧的"编辑"按钮，对姿态进行调整。输入提示词，生成同样姿态的人物图像，如图 7-38 所示。

4. 分块/模糊（Tile/Blur）

Tile/Blur 模型的应用非常广泛，可以用它来放大图像，也可以用它通过大模型的调整，来对原图进行风格的转换。它的工作原理是在有限像素的基础上，分块扩散画面的内容，自动生成画面细节，最终生成与原图相似且极为清晰的图片。其预处理器有以下几种可供选择。

（1）blur_gaussian：高斯模糊，主要用于调整景深。

（2）tile_colorfix：保持图片布局的同时固定图片的颜色。

（3）tile_colorfix+sharp：保持图片布局的同时固定图片的颜色，并做一些锐化。

（4）tile_resample：仅保持图片布局，颜色会进行一些变化。

第 7 章　人工智能绘画技术及其工具　139

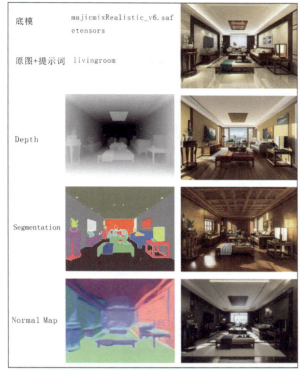

图 7-36　结构类模型对比图　　　　　图 7-37　OpenPose 选项

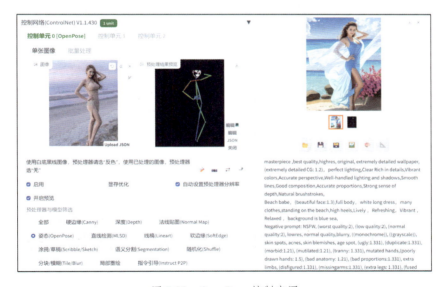

图 7-38　OpenPose 控制出图

　　将一张模糊照片使用 Tile/Blur 模型进行清晰修复，将预处理器设为 None，其他设为默认，单击 ↩ 按钮，设置出图尺寸和原图相同，则经过修复的图像在原图基础上增加了细节，清晰了很多（图 7-39）。

　　接下来，将生成的图片拖入 ControlNet 参考图像区域，使用 tile_resample 预处理器，对生成的图片颜色进行细节修改。增加提示词"girl,black hair,green eyes,red lip",对人物进行微调,效果如图 7-40 所示。

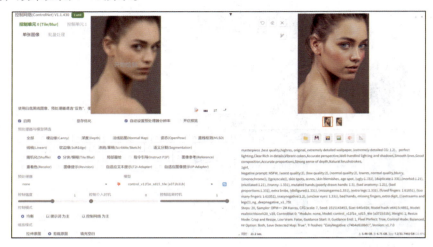

图 7-39　高清修复图像

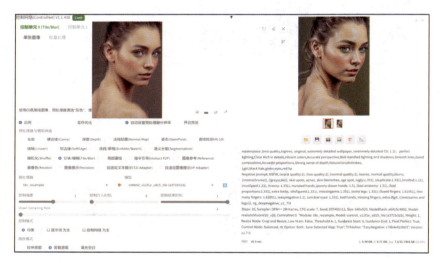

图 7-40　tile_resample 调整图像颜色

5. 重绘类（2 个）

（1）局部重绘模型与图生图中的局部重绘相比,其在将重绘区域与原图进行融合时效果更好,融合更加自然。

（2）重着色（Recolor）用于为图片重新上色,提取出参考图的色彩分布情况,再配合提示词和风格模型将色彩应用到生成图上（图 7-41）。

6. 风格处理类（4 个）

这种类型的模型包括随机化（Shuffle）、图像参考（Reference）、自适应文本提示（T21-Adapter）、自适应图像提示（IP-Adapter）。

图 7-41　Recolor 重新着色

Shuffle 模型能够从参考图中提取出其独特的风格,并结合给定的提示词将这种风格迁移到生成的图像上,如图 7-42 所示。

图 7-42　Shuffle 模型

Reference 模型可以根据导入的素材图片,参考图片的配色、色调、画风、画中的事物,创建出新图片,而画面中事物能够存在多样性差异。可以通过调整 Style Fidelity 滑动条来实现参考图对生成图片的影响程度,其值越小,生成的图片风格和参考图的差异就越大,反之亦然,如图 7-43 所示。另外,在绘制 SD 基本参数时,如果选中"高分辨率修复"选项,则会使 ControlNet 的 Reference 处理失效。

T2I-Adapter 模型又有 Adapter-color、Adapter-sketch、Adapter-style 3 个预处理器。Adapter-color 提取出参考图的色彩分布情况,再配合提示词和风格模型将色彩应用到生成图上;Adapter-sketch 提取参考图轮廓;Adapter-style 提取参考图风格。使用 Adapter-style 时需要注意:接受风格改变的主图放在 ControlNet Unit 0,提供风格的副图放在 ControlNet Unit 1,顺序不能颠倒,不然会影响出图效果。主图、副图、最终生成图像的尺寸要保持一致。大模型的风格要与副图(提供风格的图片)的风格一致,才能得到最好的效果。

图 7-43 Reference 模型

IP-Adapter 参考整张图片的风格，同时根据提示词内容来生成新图，如图 7-44 所示。

图 7-44 IP-Adapter 模型

7.6 LoRA 模型的使用

7.6.1 LoRA 模型及其安装方法

LoRA 的全称为 Low-Rank Adaptation of Large Language Models，即低阶自适应大语言模型，可以理解为 Stable Diffusion（SD）模型的一种插件。它通过对神经网络中各层之间的权重进行学习，来提高模型的性能。和 ControlNet 一样，在不修改 SD 模型的前提下，利用少量数据训练出一种画风或人物 IP，实现定制化需求。LoRA 模型所需的训练资源比训练 SD 模型要小很多，非常适合硬件资源受限的个人用户。所以，在一些 AI 网站平台上，存在用户提供的大量 LoRA 模型供下载使用。如图 7-45 所示，哩布官方网站提供的模型广场，在小图左上角显示 LoRA 的是 LoRA 模型，显示 CHECKPOINT 的是 SD 大模型。

LoRA 模型的安装也相对简单。例如，选择图 7-45 中的"GC 插画"模型，在打开的

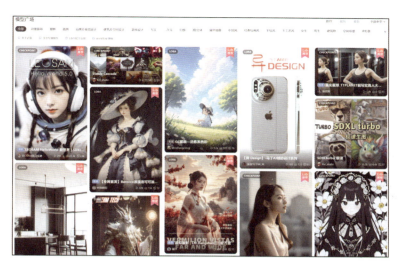

图 7-45　哔布官网模型广场

页面单击下载（图 7-46），将模型文件放入 webui 目录的 stable-diffusion-webui/models/Lora 文件夹下。如果希望模型有预览图片，则可以下载模型参考图片，和模型文件放在同一目录下，并将文件名修改为和模型文件同名（图 7-47）。打开 webui，单击 LoRA 模型，即可看到下载的"GC 插画"模型（图 7-48）。

图 7-46　下载 LoRA 模型

图 7-47　LoRA 模型保存位置

图 7-48 加载的 LoRA 模型

7.6.2 LoRA 模型的使用方法

LoRA 模型只需在正向提示词里面增加关键词 "触发词 <Lora:filename:multiplier>" 即可使用。触发词是使该 LoRA 模型发挥作用的提示词,一般在模型下载页面有触发词说明;filename 是 LoRA 模型的名称;multiplier 是使用该模型的权重,默认值为 1,一般参考模型说明和图片风格需求来设置权重。使用 LoRA 模型一般是在图 7-48 页面,单击 LoRA 模型,将其写入提示词中,然后添加触发词,修改权重。

我们以下载的 LoRA 模型 "GC 插画—治愈系色彩" 为例,在原有提示词中加入 "guchen <Lora:GC 插画—治愈系色彩_v1.0:0.7>",使用该 LoRA 模型修改图片风格,其生成图片效果由图 7-49 变化为图 7-50,图片效果在二次元风格的基础上在色彩和构图上更倾向于 LoRA 模型的特点。

图 7-49 没有使用 LoRA 模型的效果

图 7-50 使用 LoRA 模型的效果

7.7 案例：生成 AI 未来城市海报

本案例将生成一张以 AI 未来城市为主题的海报。首先确定画面主题风格，突出显示大写字母 AI 的立体文字造型，表现未来城市的科技感、虚幻感。这里需要提前在 Photoshop 或者 Illustrator 软件里面制作 AI 字母的立体造型。根据海报尺寸，制作 600×900 像素的白底黑字的文字底图，如图 7-51 所示。

1. 输入提示词

打开 Stable Diffusion，进入文生图界面，在正面提示词输入表现未来城市画面内容的提示词，如科技城，巨大的三维字母 AI，字母下面是城市景观，水上公园，3D 场景，星球大战计划，未来城市，网络风格，夜晚，摩天大楼，未来技术，飞行汽车，灯光效果，智能设施，绿色植被，光纤网络。

画面质量：masterpiece, best quality, clear image, 4k wallpaper。

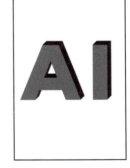

图 7-51 AI 立体文字

画面内容：technopolis, giant three-dimensional letters AI, under the letters are cityscape, waterpark, 3d scene, strategic defense initiative, future city, cyber style, night, Skyscrapers, Future technology, Flying cars, Lighting effects, Smart facilities, Green vegetation, Fiber optic network。

在负面提示词中，写入避免低质量的提示词即可，如 lowres, extra digit, fewer digits, cropped, worst quality, low quality, normal quality, jpeg artifacts, signature, watermark, username, blurry。

2. 设置参数

因为要进行场景绘制，所以选择 checkpoint 大模型为 revanimated 模型，此模型场景绘制兼容性高，质量顶级，从吉普力到赛博朋克等风格，都能轻松拿捏；同时其 3D 效果质量顶级，多种幻想风格融合极佳，能够生成超惊艳的作品。

图像尺寸设置为 600×900 像素，迭代步数设为 30，采样方法选择 DPM++ 2M Karras。其他为默认设置（图 7-52）。生成图像缺少科技梦幻色彩，考虑使用 LoRA 模型，增强梦幻科技效果。

图 7-52　赛博风格城市画面

3. 使用 LoRA 模型

在 LoRA 模型中选择"量子世界"模型（图 7-53），增强画面科技色彩。将生成次数设置为 4，一次生成 4 张图片，可以看到生成图像的科技色彩加强，如图 7-54 所示。

图 7-53　LoRA 模型

图 7-54　使用 LoRA 后的图像

4. 使用 ControlNet 垫图

虽然提示词写有"巨大的三维字母 AI"，但生成图中并没有出现相应内容。这需要使用 ControlNet 插件，固定要生成的内容。下面将 AI 文字立体造型加入图像中，启用 ControlNet，选择"完美像素"和"允许预览"，然后选择 Lineart 线稿模型，绘制立体对象的轮廓，适当调整控制权重为 1.4，再次生成图像如图 7-55 所示。

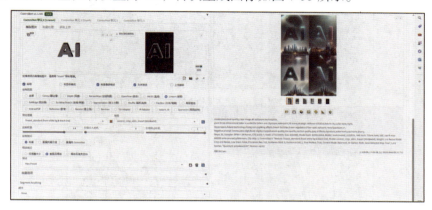

图 7-55　单个 ControlNet 控图

由于 AI 文字内容缺乏层次感，再次使用 ControlNet 控制单元，选择 Depth 模型，再次生成图像，如图 7-56 所示。

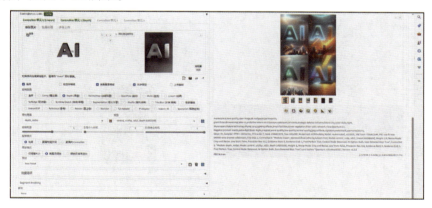

图 7-56　两个 ControlNet 控图

5. 再次使用 LoRA 模型，增强效果

为了增强立体文字的机械质感，再次打开 LoRA 模型，选择 LunarpunkAI 模型（图 7-57），在提示词中增加该模型触发词"lunarpunkai,tank,truck"，立体文字的机械材质感增强，如图 7-58 所示。

6. 高清放大图像

在多次抽图中，选择比较满意的图像进行放大处理。打开高分辨率修复，选择放大算法为 R-ESRGAN 4x+，放大倍数设置为 2，重绘幅度设置为 0.3，单击随机种子旁边的绿色循环按钮，固定种子值，单击生成图像，进行高清放大（图 7-59）。

最终生成高清放大的图片，如图 7-60 所示。以此为海报背景，在 Photoshop 中添加文字等信息，生成最终海报图像。

图 7-57　LunarpunkAI 模型

图 7-58　增强机械质感

图 7-59　高清放大设置

图 7-60　高清放大的图像

7.8　小结

Stable Diffusion 是基于扩散模型的一个 AI 绘图利器,既可以根据文字提示生成图像,又可以通过各种模型和插件对图像进行精准控制和修改。掌握 Stable Diffusion 的使用方法,会让我们的绘画充满想象,并且能够快速提升设计的效率和质量。

习题

1. 思考 AI 绘画出现后还需要艺术生加强美术基础的学习吗?
2. 简述 AI 绘画的发展过程。
3. 简述 Stable Diffusion 的几种模型及其功能。
4. Stable Diffusion 文生图中,一般正向提示词的书写结构是什么?
5. Stable Diffusion 文生图中,如何修改提示词的权重?
6. Stable Diffusion 文生图中,如何使用随机种子 seed 参数固定图像风格?
7. Stable Diffusion 图生图中,涂鸦重绘和局部重绘的区别是什么?
8. 简述 Stable Diffusion 中 ControlNet 插件的几种安装方式。
9. 简述 Stable Diffusion 中 ControlNet 插件生成线条的预处理器及其区别。

第 8 章

人工智能音乐和视频创作技术及其工具

本章介绍人工智能在音乐和视频创作领域的技术与工具,主要内容包括:
- 主流 AI 音乐生成平台如网易天音与 Suno AI 的操作方法;
- 视频生成工具的基本使用及其在多模态内容创作中的应用;
- 通过案例展示 AI 技术如何辅助音乐创作与视频生成。

本章旨在帮助读者了解人工智能如何赋能音视频内容创作,拓展其在创意领域的应用场景。

8.1 人工智能音乐概述

8.1.1 认识人工智能音乐

人工智能音乐是指利用人工智能技术(特别是机器学习和深度学习算法)来创作、演绎或改编音乐的艺术形式。目前,其应用场景主要包含流行歌曲、乐曲、有声书的内容创作,视频、游戏、影视等领域的配乐创作,以及虚拟歌手演唱、自动配音等。人工智能为音乐家们和音乐爱好者带来了新工具,更推进了音乐风格和流派的创新。

传统音乐主要关注旋律与和声、节奏与韵律、乐器和声音的质感、结构和形式、情感表达和艺术美学、文化和历史背景、即兴创作。这些关注点共同构成了传统音乐的核心,不仅影响着音乐作品的创作和演绎,也深刻影响着听众对音乐的理解和欣赏。

人工智能音乐与传统音乐相比，更倾向于技术的创新应用、个性化体验的提供，以及创作过程的自动化和高效化。它主要关注算法和数据驱动的创作、风格模仿和融合、个性化和定制化、自动化音乐制作、互动音乐体验、创新的表现形式、情感和情绪分析。

人工智能音乐代表了艺术与科技的交融，从风格模仿与创新、自动化制作、分析与理解、实验与探索、教育与辅助及跨学科融合等路径，开启了音乐创作的新维度，为音乐创作和表现提供了新的可能性，也为音乐产业带来了深刻的变革。

8.1.2 常用人工智能音乐大模型简介

相较于 AI 在生成图像、视频、文本的应用，AI 生成音乐领域的发展相对落后。这是由于生成高质量的音频需要对不同类型的信号、模块进行不同层级的建模，加上该领域开源的代码较少，可以说这是 AI 生成内容中最具挑战性的领域。下面介绍目前常用的人工智能音乐大模型。

1. AIVA

人工智能虚拟艺术家（artificial intelligence virtual artist，AIVA）是一种基于 AI 的音乐创作工具，可根据用户的输入信息生成原创音乐，可以创作各种类型的音乐，包括古典音乐、流行音乐和电影音乐，并已被用于电影、视频游戏和广告中。AIVA 虽然展示了人工智能在理解和模仿复杂音乐结构方面的潜力，但也引发了关于人工智能创作音乐的原创性和情感表达的讨论。

2. Flow Machines

Flow Machines 是由 SONY 计算机科学实验主导的一项研究、开发和社会实践项目，它可以根据创作者的意图，通过选择风格与和弦创作旋律。Flow Machines 提供了 100 种以上的音乐风格预设，每个预设都可以创建无限量的旋律。其典型作品包括"披头士风格"的流行歌曲 *Daddy's Car*、*The Ballad of Mr. Shadow* 等。

3. Jukebox

Jukebox 是 OpenAI 发布的一款 AI 音乐生成器，这是一种生成音乐的神经网络，它能生成包括基本唱法在内的、包含各种流派和艺术家风格的原始音频音乐。它使用了一个被称为 VQ-VAE 的基于量化的方法，将音频压缩到离散空间，训练应用比较便利，生成音频效果清晰。

4. Stable Audio

Stable Audio 是 Stability AI 推出的 AI 音乐生成工具，它允许用户通过简单的 Web 界面，使用 AI 技术生成原创音乐和音效。用户只需输入文本描述想要的音乐和音效（提示语可以包括音乐流派、乐器、情绪、节拍和其他参数），便能自动生成音频。

5. AI Duet

AI Duet 是谷歌旗下创意实验室研发的一款钢琴机器人。AI Duet 可以记下用户使用计算机键盘敲出的音符，并利用机器学习技术在一个类神经网络中进行识别，找到其中的旋律模式，然后自行生成一些音乐旋律来回应用户。AI Duet 体现了人工智能在音乐互动和实时生成方面的能力，提供了一种全新的音乐体验和表演形式。

6. Auxuman

Auxuman 是一位名叫 Ash Koosha 的伊朗裔音乐制作人创办的一家人工智能概念公司。2019 年，Auxuman 发行了一张音乐合辑 *Auxuman Vol.1*，收录了 5 位 AI 歌手演唱的歌曲。Ash Koosha 称为"人类历史上首张全 AI 创作专辑"，从歌手到歌曲，完全由 AI 独立完成。Auxuman 不仅展示了人工智能在音乐创作方面的能力，还探索了虚拟艺术家在未来音乐产业中的可能角色。

7. Spotify 推荐引擎

Spotify 是一家在线音乐流媒体服务平台，目前是全球最大的音乐流媒体服务商之一，与环球音乐集团、索尼音乐娱乐、华纳音乐集团三大唱片公司及其他唱片公司合作授权由数字版权管理（DRM）保护的音乐。Spotify 推荐引擎利用人工智能分析用户行为，提供个性化的音乐推荐服务。这一系统展示了人工智能在处理大量音乐数据和理解用户偏好方面的强大能力，极大提升了用户体验。

8. MuseNet

MuseNet 是 OpenAI 推出的一种在线工具，它能够使用人工智能技术生成 10 种不同乐器的歌曲，可以创作 15 种不同风格的音乐，可以模仿莫扎特等古典作曲家、Lady Gaga 等当代歌手，或者蓝草音乐甚至电子游戏音乐等流派。MuseNet 使用深度神经网络，已在一系列在线资源收集的 MIDI 文件数据集上进行训练，这些资源涵盖爵士、流行、非洲、印度和阿拉伯风格的音乐。

9. Suno AI

Suno AI 是 Suno 公司开发的一个专业 AI 歌曲和音乐创作平台，它结合了先进的算法和数据模型，用户只需输入简单的文本提示词，即可生成多种音乐风格的高质量音乐和语音，包括完整的歌曲，这些歌曲不仅包含旋律和伴奏，还可以包含歌词和人声，适用于音乐创作、语音合成、配音等多种场景，是创意工作者、设计师、艺术家等群体的理想选择。

Suno AI 的目标是重新定义音乐的创作和消费体验，它希望不需要任何乐器或工具就可以让用户创造美妙的音乐，从而表达其内心情感、讲述其生活故事，无论其是否具有专业音乐背景。另外，Suno AI 还致力于探索新的音乐体验和分享方式，推动音乐作为一种表达和沟通方式的发展。通过音乐社交，Suno 旨在建立一个跨文化的交流和合作平台，促进音乐的创新和全球化。Suno AI 还与微软合作，支持直接通过微软的 Copilot 调用其插件生成音乐。

10. Udio

Udio 是一款由前 Google DeepMind 研究人员创立的人工智能音乐生成器，旨在让用户能够轻松地创作出具有情感共鸣的音乐。该 AI 音乐生成工具能够根据用户输入的文本提示，包括音乐风格、主题、歌词等信息，快速生成包含人声的完整音轨。Udio 不仅支持多种音乐风格和流派，还能够捕捉并表达音乐中的情感，创造出既逼真又具有创意的音乐作品。

Udio 的设计理念是作为一个"超级乐器"，放大人类的创造力。Udio 适合音乐家和业余爱好者使用，它提供了一个平台，让用户可以通过简单的文本输入，体验从零到创作出音乐的"魔法时刻"。Udio 拥有与 Suno AI 类似的通过文本提示创建完整曲目的能力，具有更好、更自然的声音。

11. 网易天音

网易天音是网易云音乐旗下的一站式 AI 音乐创作工具，它对网易云音乐的全部用户开放使用权限。无论是专业音乐制作人，还是音乐爱好者，都可以使用网易云音乐的账号登录网易天音，免费制作出属于自己的 AI 歌曲。网易天音具备词、曲、编、唱、混等音乐创作全流程的 AI 创作辅助功能，具备生产力级别的专业音乐创作水准。用户可以通过 AI 一键写歌功能，创作热歌 BGM、原创歌曲、定制单曲、应援曲等；通过 AI 编曲功能可以生成纯音乐伴奏、睡眠音乐、视频/播客 BGM 等；通过 AI 作词功能可以帮助用户写乐评、写诗、写歌词等。同时，网易天音还支持分轨导出，方便用户对生成音乐进一步编辑。

12. 魔音工坊

魔音工坊是由"出门问问"推出的一款先进的配音工具和高效多人音频协同创作工具，可以将文字智能转换成语音，支持多种语言和语音风格，包括中文、英文、日语、韩语等。该工具集成了先进的深度学习技术，可以根据不同的文本内容和语境，生成自然流畅的语音。用户可以在魔音工坊的官方网站上输入需要转换的文字内容，选择喜欢的语音风格和声音类型，单击"朗读"按钮，即可快速将文字转换成语音。

13. Boomy

Boomy 是一个帮助用户释放创意快速生成原创音乐的平台，该 AI 音乐生成工具累计已生成超过 1600 万首音乐。Boomy 创作的音乐还可以分发到 Spotify 等流媒体平台，使创作者可以从版税中获利分成。

8.2 人工智能音乐基本乐理知识

虽然 AI 音乐大模型的目标是让大多数音乐爱好者无须借助任何乐器工具就可以创作美妙的音乐，表达内心情感，但是为了帮助读者更好地利用 AI 大模型进行音乐创作，需要介绍一些 AI 音乐创作中所用到的基本乐理知识。

8.2.1 作曲

1. 音乐创作三要素

对音乐创作比较重要的三个要素是旋律、节奏、和声。

1）旋律

当乐音按照时间先后排列成一连串的音列时，称为旋律，其一般指音乐在横向上的发展。旋律是音乐三要素中常常被人们熟知和记忆的要素。当人们哼起某首歌或者乐曲的曲调时，心中所想的一般就是旋律。

2）节奏

节奏是指音乐中的乐音在时间上的长短和强弱变化，与节拍、速度等概念关系密切。音乐的节奏常被比喻为音乐的骨骼。节拍是音乐中衡量节奏的单位。重拍和弱拍周期性地、有规律地重复进行，不同的拍子会给人们不同的感受。四拍子的乐曲节奏相对稳定，听者会想要跟着起舞，三拍子则会更优雅或者温柔。不同拍子结构形成的节奏感不同，会产生不同的轻重拍关系，从而决定乐曲的风格特质。

3）和声

和声是指 3 个或 3 个以上音符以音高上的纵向方式结合，先形成和弦结构，继而横向行进，先后连接成为和声序列。在乐曲中，和声具有功能性和色彩性的意义，在构成分句、分乐段结构上和修饰音乐色彩的功能上都起到很大的作用。

2. 歌曲结构

歌曲结构通常是指一首歌曲中不同部分的组织和排列方式。不同的歌曲可能会有不同的结构，但大多数流行歌曲遵循一些基本的模式。以下是一些常见的歌曲结构元素。

1）引子或前奏

歌曲的开始部分，通常用来引入主题和基调。

2）主歌

这部分是歌曲的主体，通常包含歌曲的主要故事或情感内容，节奏性强且克制，与其相比，副歌部分旋律性和能量感较弱。每个主歌部分可能有不同的歌词，但通常保持相同的旋律和节奏模式。

3）副歌

这部分即合唱部分，通常是歌曲中最具辨识度的部分，包含主要的主题和旋律，具有重复的旋律和歌词，重复出现时会让听众感觉歌曲更有意图和情感。副歌是歌曲中最易被记住的部分，往往包含"钩子"（一个重复的短语或器乐或一种特别引人入胜的旋律或歌词）。

4）桥段

这部分通常在第二段副歌之后出现，提供了与前面主歌部分不同的旋律和节奏，可以改变歌曲的节奏或调性，用来增加歌曲的多样性和深度。

5）尾奏

这部分是歌曲的结尾部分，与引子相似，但用来结束歌曲。尾奏可以是对引子的重复，也可以是简单地重复最后一段副歌，又或是一个全新的音乐段落——渐渐淡出歌曲。

6）前副歌

在某些歌曲中，前副歌的作用是作为从主歌到副歌的过渡。它可以增加歌曲的动态范围，为副歌的到来建立情感张力。

7）间奏

间奏是歌曲中的一个部分，其中不包含歌词，只有乐器演奏，通常用于连接两个不同的歌唱部分，如两个主歌或主歌到副歌之间，提供歌曲的情感转换或增强歌曲的整体感觉。

歌曲结构的多样性使每首歌曲都有其独特的风格和感觉。音乐制作人和作曲家会根据歌曲的内容和目标听众来设计合适的结构。

3. 音乐风格

音乐风格即曲风，是指在音乐范畴中各种音乐要素富有个性的结合方式，这些音乐要素的特殊结合方式能产生一种显著的或独特的效果。在谈论音乐风格时，我们可以谈论一位作曲家的音乐风格、一个作曲家团体的音乐风格，以及一个国家民族或历史上某一个时期的音乐风格。

比较典型的音乐风格有古典主义音乐、浪漫主义音乐、印象主义音乐、表现主义音乐、新古典音乐、巴洛克音乐、乡村音乐、爵士、摇滚、重金属音乐、朋克、电子音乐、灵魂音乐、

R&B、英伦摇滚、哥特式音乐等。

4. 作曲与编曲

1）作曲

在当代流行音乐的语境下，作曲在大多数情况下是指旋律写作（song writing）。人声旋律的写作，可以通过哼唱或者弹奏乐器来完成，但需要考虑歌手的音域和演唱能力，因此，每句话的长度、最高音和最低音的设计都不能超出这个范围。传统的作曲（composition）定义更加丰富，是指创造音乐的行为，作品中至少会包含织体、曲式、编配、速度、节拍等因素，完整的作曲需要能演奏出来。

2）编曲

按照我国专业音乐领域对词汇的运用与实践来理解，编曲是指结合音乐制作的乐曲编配，更通俗地表达就是给主人声（主旋律）制作伴奏。作曲者是搭出旋律的"骨架"，而编曲者则是在其上赋予"血肉"。编曲人需要熟练掌握和声、复调、曲式、配器等乐理知识并灵活运用。

8.2.2 作词

歌曲，是词与曲的完美配合。流行音乐中的歌词可以理解为与曲调互相配合并被演唱出来的词句。在没有曲调的情况下，根据作词人的思想和感受，写下段落式的句子，可以称为自由作词。在有曲调的情况下，作词人根据旋律的律动和情感表现，配合着填写固定字数的句子，称为填词。作词有以下几个要点。

1. 口语化

歌词是被演唱出来的"诗句"，因此词句的演唱性、口语化在实际应用中非常重要。流行音乐之所以流行，重点在于浅显易懂，引起共鸣。口语化的歌词容易传播，更加符合演唱表现，让人无法听懂的歌词会大大增加传播的难度。

2. 韵文化

押韵是汉语文学里最重要的特色之一，在诗词曲赋等文体中应用十分广泛。诗词曲赋在不同的时期，押韵的要求也不相同。流行音乐中的歌词，一般至少会在每一句的末尾字押韵。押韵技巧的使用，能让歌词更利于演唱，同时增添音韵上的趣味。

3. 规律化

宋词作为一种中国文学体裁，有它固有的曲牌和曲调，这种曲牌是一种规律化的体现。而当代流行歌曲并没有这种特殊的规定。但我们在创作过程中，依旧应该考虑到包括断句、对仗、分段等规则，清晰的段落格式可以帮助歌词和曲谱达到和谐统一。

8.3 "网易天音"操作教程

8.3.1 人工智能写歌

（1）登录"网易天音"首页，如图 8-1 所示。

图 8-1 "网易天音"首页

（2）单击"开始创作"按钮，进入"网易天音"创作主界面，如图 8-2 所示。

图 8-2 "网易天音"创作主界面

（3）单击"AI 一键写歌"中的"开始创作"按钮，显示"新建歌曲"对话框，如图 8-3 所示。

图 8-3 "新建歌曲"对话框

（4）单击"作曲 / 段落结构 / 音乐类型（选填）"右侧的 按钮，可显示如图 8-4 所示的"新建歌曲"扩展对话框。

图 8-4 "新建歌曲"扩展对话框

(5)在"新建歌曲"扩展对话框中,"上传作曲"栏可允许用户上传 4/4 拍单轨 midi 文件并在此基础上进行 AI 作曲;"段落结构"栏提供了自定义、Demo 格式、副歌模式、全曲模式四种模式,分别单击不同的模式按钮,可显示不同的内容,如图 8-5~图 8-7 所示;"选择音乐类型"栏提供了多种音乐类型让用户选择使用。

图 8-5 "新建歌曲"扩展对话框——Demo 格式

图 8-6 "新建歌曲"扩展对话框——副歌模式

图 8-7 "新建歌曲"扩展对话框——全曲模式

（6）在"新建歌曲"对话框中选择"关键字灵感"选项卡，录入关键词，选择"全曲模式"，其他采用默认方式，如图 8-8 所示。

图 8-8 使用"关键字灵感"方式 AI 写歌

（7）单击"开始 AI 写歌"按钮，弹出"AI 歌曲生成中"画面，如图 8-9 所示。

图 8-9 "AI 歌曲生成中"界面

第 8 章 人工智能音乐和视频创作技术及其工具 159

（8）AI 歌曲生成后，显示如图 8-10 所示的歌曲编辑创作界面，在此界面下，可对 AI 生成的歌曲进一步编辑。

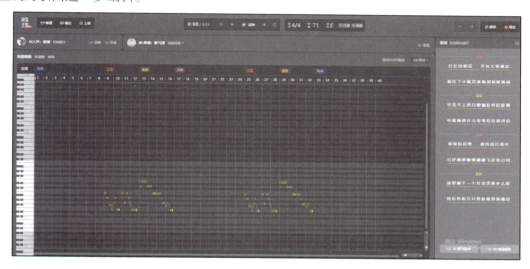

图 8-10 歌曲编辑创作界面

（9）也可以使用"写随笔灵感"方式创作歌曲，如图 8-11 所示。

图 8-11 使用"写随笔灵感"方式进行 AI 写歌

（10）一般来说，AI 生成的歌词和乐曲不会让创作者 100% 满意，难免会有不足和不合适之处。此时，创作者可使用"网易天音"提供的各种工具和选项对其做进一步的修改。比如，歌词中出现的"红红的桃花"，可以改为"粉白的荷花"。修改时，可采用直接修改模式,也可采用"AI 划词辅助推荐"模式。

(11)单击"AI 歌曲编辑界面"右下角的"AI 划词辅助推荐"按钮,将光标定位到"红红的桃花"处,此时,"网易天音"会进行智能推荐替换词,并列出"灵感来源",用户可从推荐词中选择修改,如图 8-12 所示。

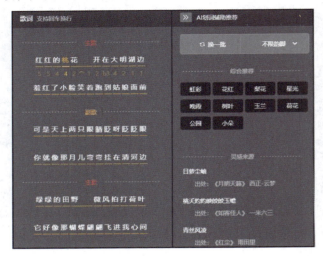

图 8-12　使用"AI 划词辅助推荐"方式修改歌词

(12)如果对 AI 一键生成的歌词整体不满意,也可以单击"AI 歌曲编辑"界面右下角的"AI 重写歌词"按钮,再次进行 AI 歌曲创作。单击"AI 重写歌词"按钮后,会弹出如图 8-13 所示的对话框。

图 8-13　"AI 重写歌词"对话框

(13)单击"AI 歌曲编辑"界面上方中间的"试听"按钮,可对 AI 生成的歌曲进行试听。如果不满意,则可以使用如图 8-14 所示提供的工具修改节拍、曲调、风格,以及对歌曲做出相关设置。

图 8-14　"AI 写歌"主工具

(14)也可使用"AI 歌曲编辑"界面左上方的相关选项按钮,如图 8-15 所示,对 AI 生成的歌曲进行修改音乐风格、切换歌手、调整音量、设置混响等。

(15)单击"切换歌手"按钮,弹出"切换歌手"界面,如图 8-16 所示,在这里可以切换其他歌手,并查看该歌手的简介和特点并试听。

图 8-15 "AI 写歌"切换工具

图 8-16 "切换歌手"界面

(16)单击"切换风格"按钮,弹出"选择编曲风格"界面,如图 8-17 所示,在这里可以选择自己最中意的音乐风格。

图 8-17 "选择编曲风格"界面

（17）对 AI 生成歌曲的所有修改操作完成后，单击"保存"按钮，弹出如图 8-18 所示的"保存工程文件"对话框。

图 8-18 "保存工程文件"对话框

（18）上面保存的工程文件并不是用于播放收听的音乐文件，如果要获得可以播放的音乐文件，则还需要进行导出操作。单击"导出"按钮，弹出如图 8-19 所示的"导出歌曲"对话框。

图 8-19 "导出歌曲"对话框

（19）勾选多个"导出文件类型"复选框，单击"导出"按钮，弹出如图 8-20 所示的"导出文件"界面。

图 8-20 "导出文件"界面

（20）导出完成后，显示如图 8-21 所示的界面，可以有选择地单击"整曲""伴奏""歌声""歌词""人声调校文件"右侧的下载按钮 进行下载。

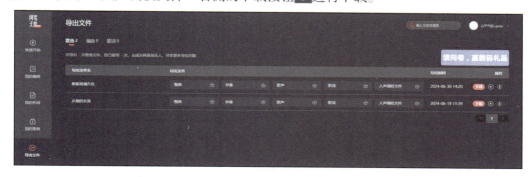

图 8-21　文件导出完成界面

8.3.2　人工智能编曲

（1）登录"网易天音"首页，如图 8-1 所示。

（2）单击"开始创作"按钮，进入"网易天音"创作主界面，如图 8-2 所示。

（3）单击"AI 编曲"中的"开始创作"按钮，显示"新建编曲"对话框，如图 8-22 所示。新建编曲可以采用自由创作、基于曲谱创作、上传作曲三种方式。

图 8-22　"新建编曲"对话框

（4）单击"自由创作"按钮，弹出如图 8-23 所示的创作窗口。自由创作的特点是：手动谱曲，个性化和弦编排，选择风格生成编曲作品。自由创作适合于懂得较多作曲知识的专业创作人员，因此，对于自由创作编曲过程，不再详细介绍。

（5）单击"基于曲谱创作"按钮，弹出如图 8-24 所示的创作窗口。基于曲谱创作的特点是：通过直接导入海量经典中的曲谱，快速生成编曲作品。

（6）在图 8-24 所示界面中选择自己比较喜欢的歌曲曲谱，单击"开始编曲"按钮，弹出如图 8-25 所示的创作窗口。"基于曲谱创作"同样也需要用户了解并掌握一定的编曲知识，因此，对于详细的"基于曲谱创作"编曲过程，这里不做介绍。

（7）单击"上传作曲"按钮，弹出如图 8-26 所示的创作窗口。上传作曲创作的特点是：

上传 midi 文件，AI 基于 midi 匹配生成可编辑修改的编曲。

（8）在图 8-26 中，单击"上传作曲"区域按钮，上传 4/4 拍单轨 midi 文件，选择适当的段落结构，然后单击"开始编曲"按钮，AI 即可基于上传的 midi 匹配生成编曲。

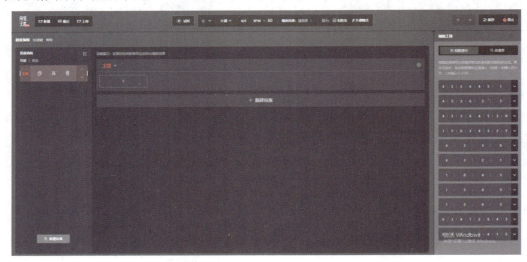

图 8-23 "自由创作"编曲窗口

图 8-24 "基于曲谱创作"的"新建编曲"窗口

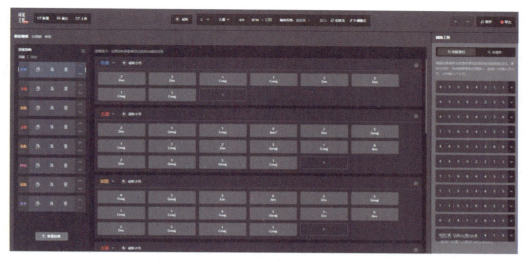

图 8-25 "基于曲谱创作"编曲窗口

图 8-26 "基于上传创作"的"新建编曲"窗口

8.3.3 人工智能作词

（1）登录"网易天音"首页，如图 8-1 所示。
（2）单击"开始创作"按钮，进入"网易天音"创作主界面，如图 8-2 所示。
（3）单击"AI 作词"中的"开始创作"按钮，显示"创建歌词"对话框，如图 8-27 所示。

图 8-27 "创建歌词"对话框

（4）单击"自由创作"按钮，弹出如图8-28所示的"自由创作"窗口。"自由创作"的特点是：自由创作歌词，AI工具辅助创作。

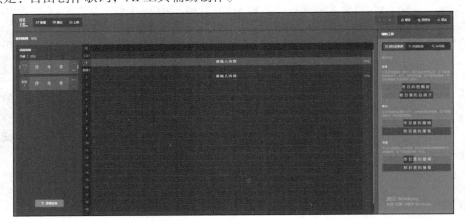

图 8-28 "自由创作"窗口

（5）在"自由创作"窗口中，分别在主歌、副歌部分输入相应的内容，或继续新建段落，最后保存、导出即可。在输入主歌、副歌内容时，可借助于词语段联想、灵感检索、AI作词等辅助工具进行创作，如图8-29所示。

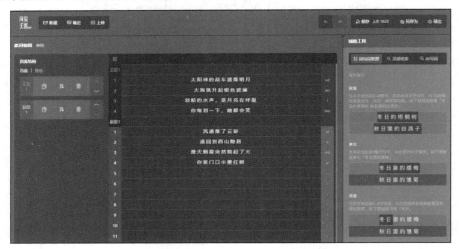

图 8-29 自由创作歌词

（6）在"自由创作"窗口的"段落结构"栏中，单击"模板"选项，可以基于模板创作歌词，如图8-30所示。

（7）在图8-27所示的"创建歌词"对话框中，单击"AI作词"按钮，弹出如图8-31所示的对话框。

（8）"AI作词"同样为用户提供了关键字灵感、写随笔灵感两种创作方式。用户可以输入2~4个关键词或50~100字的随笔，设置好段落结构后，单击"开始AI作词"按钮，即可自动生成歌词，如图8-32所示。

第8章 人工智能音乐和视频创作技术及其工具　167

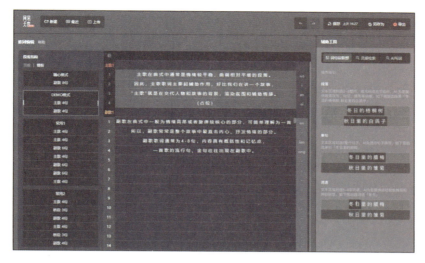

图 8-30　基于模板创作歌词

图 8-31　AI 作词

图 8-32　"AI 作词"生成的歌曲

8.4 Suno AI 操作教程

Suno AI 的推出，对于音乐创作和语音合成领域来说，无疑是一次质的飞跃。2024 年 2 月 22 日，Suno 推出了 V3 版，一次可生成 2 分钟的歌曲，为全球音乐爱好者带来了全新的创作体验。2024 年 5 月 24 日，Suno 推出了 V3.5 版，一次可生成 4 分钟的歌曲，同时也改进了歌曲结构和声音流，可让广大音乐爱好者更好地创作。2024 年 6 月 12 日，Suno 上线了音频输入功能，用户可以上传或者录制自己的音频来创作歌曲。

使用 Suno AI 生成音乐平台创作歌曲，可以通过访问 Suno 官方网站英文版、Suno 官方中文站中文版及 Suno 官方指定 API 接口应用商等渠道实现。

8.4.1 使用 Suno AI 英文版

登录 Suno 网站首页，整个窗口分为功能区、音乐展示区和音乐播放区三部分，如图 8-33 所示。

图 8-33 Suno 首页

1. Suno AI 界面组成

1）功能区

（1）单击 Home 按钮，既可通过 Trending 部分查看热度比较高的音乐和曲风，也可通过 Create 部分进行歌曲创作。

（2）首次使用 Suno 时，单击 Create 或 Sign Up/Log In 时，会跳出 Create your account 注册页面，如图 8-34 所示。

在图 8-34 中输入电话号码并获取验证码进行注册，注册成功后，新用户初始为免费用户，每天免费获得 50 credit（信用积分），可以生成 5 次音乐（每次生成 2 首歌曲，共 10 首）。如果希望拥有更多的 credit，不受每日使用限制，并解锁更多

图 8-34 注册账号对话框

高级功能，可以订阅专业或高级计划，升级为会员，付费获取更多积分，如图 8-35 所示。需要注意的是，非会员用户免费生成的音乐不能商用，只能分享出去供人欣赏；只有会员用户生成的音乐才可以商用。

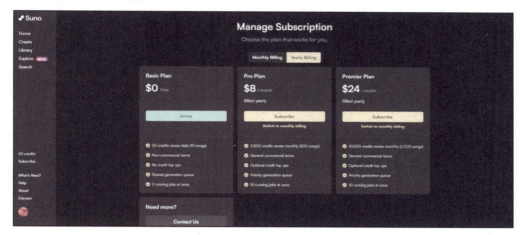

图 8-35　升级会员页面

登录 Suno AI 平台，可使用 Apple ID、Discord 账号、谷歌账号或 Microsoft Live 账号。账号登录成功后，便可使用 Suno AI 提供的基本功能。

（3）单击 Library 按钮，可查看个人的作品库中自己曾经创作过的所有歌曲，如图 8-36 所示。

图 8-36　Library 库页面

（4）单击 Explore 按钮，可以看到 Suno 社区里最热或者最新的各种作品，如图 8-37 所示。

（5）单击 Search 按钮，可以搜索歌曲，如图 8-38 所示。

2）音乐展示区

在音乐展示区，显示了 Suno 平台上用户上传分享的 AI 音乐，可以按时间进行检索显示。

图 8-37　浏览页面

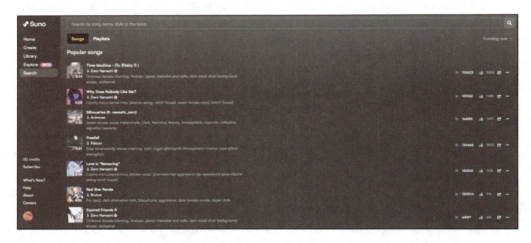

图 8-38　搜索歌曲页面

3）音乐播放区

在音乐播放区可以对选定的音乐进行播放、到头、到尾，控制音量，设置自动播放、循环播放。

2. 歌曲创作

1）使用 Home 界面

单击 Home 按钮，在 Create 部分，输入"一首关于……的歌曲"，单击 Create 按钮，使用个人账号登录 Suno AI 平台，Suno 就会弹出如图 8-39 所示的界面，并快速生成一首包含歌词创作、旋律编排、乐器演奏及美妙人声的完整歌曲。

2）使用 Create 界面

单击 Create 按钮，弹出如图 8-40 所示的界面。

（1）基础模式。在基础模式中，顶部的 Custom（自定义）模式默认关闭，用户只需在 Song Description（歌曲描述）中输入想要的音乐风格和主题（如填入"莫扎特风格的钢

图 8-39　生成音乐页面

琴曲，曲调欢快"），再单击 Create 按钮，即可让 Suno 随机创作歌词和音乐。歌曲描述最好用英文，这样识别会更加准确。

打开 Instrumental 开关后，用户将无法再填入歌词，Suno AI 会生成无歌词的纯音乐。

v3.5 下拉列表中的选项是用来选择版本的，共有 V3.5、V3 和 V2 三种选择，如图 8-41 所示。

图 8-40　创作页面

图 8-41　选择版本列表

V3.5 版本可生成 4 分钟的歌曲，而 V3 版本只能生成 2 分钟的歌曲。

（2）自定义模式。打开 Custom 开关，进入自定义模式。在此模式下，用户可以自定义歌词（Lyrics）、音乐风格（Style of Music）和歌曲标题（Title），如图 8-42 所示。Suno AI 可根据提示信息进行智能创作，生成相应的音乐作品。Suno AI 支持英文、中文、法语、日语、俄语、西班牙语等 50 多种语言。

初看，自定义模式只是比基础模式更细致些，好像没有什么不同，但是在这里，用户可以引入元标签（Metatags）对歌曲进行更多的定义和限制。

在 Suno AI 音乐中，元标签是用于指导 Suno AI 创作音乐和歌词的指令，帮助实现详细的创意控制和表达。用户可以把元标签理解为在歌词里写的提示语（Prompt），让 Suno AI 能基于这些提示语和歌词并结合曲风建议，来更好地创作和演绎歌曲。歌词结构其实也是元标签的一部分，就像一本书的章节标题一样，当用户在歌词中添加了标签，就能知道哪段歌词是主歌、副歌或高潮段落。如 Verse（主歌）、Rap（说唱）、Chorus（副歌 / 高潮）……除此之外，元标签还有音效、声音、风格和流派。

使用元标签，能让歌曲按照用户想要的方式生成，提供了更多、更自由的可能性。

（3）在现有音频基础上生成歌曲。在类别中，单击 Create 窗口右上角的 Upload Audio 按钮，可上传现有音频或录音（不能上传受版权保护的音频）且长度范围在 6~60 秒，如

图 8-43 所示。

图 8-42　自定义模式

图 8-43　上传音频

此时，可弹奏一段音乐并录音，上传后，单击 Extend 按钮，对该音乐按照定制化模式进行扩展，Suno 就会根据音频生成的一段完整歌曲，歌词及封面由 Suno 随机生成，并且前后音频曲风、歌词配合得都很好。

3. 完成创作并下载

当歌词和音乐风格设置都完成后，单击 Create 按钮，Suno 将在几秒内生成 2 首高质量的音乐作品，并且允许用户在后期根据需要进行微调，确保作品符合自己的预期。

当用户对 Suno AI 创作的音乐作品满意后，可以下载音乐作品并分享到各大社交平台，以展示自己的创作成果。单击某个生成歌曲后面的 ··· 按钮，弹出如图 8-44 所示的菜单。

选择 Download 菜单就可以直接下载 Audio（音乐）或 Video（视频），其中 Audio 是下载 MP3 格式的音乐，而 Video 是下载包含有封面和歌词的 MP4 格式，如图 8-45 所示。

图 8-44　扩展菜单

图 8-45　下载菜单

8.4.2 使用 Suno AI 音乐中文站

Suno AI 音乐中文站是专为中文用户提供的音乐 AI 平台，如图 8-46 所示。

图 8-46　Suno AI 音乐中文站

（1）使用注册账号登录，在"创建一首关于任何事物的歌曲"栏中输入要创建歌曲的主题，然后单击"创作"按钮，即可快速打开创作页面并快速生成歌曲，如图 8-47 所示。

图 8-47　快速生成歌曲

（2）单击"创作中心"，打开如图 8-48 所示的"创作"页面（灵感模式）。

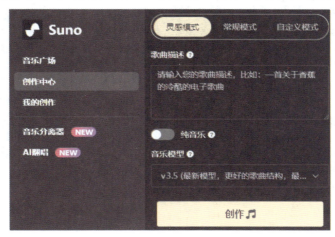

图 8-48　"创作"页面（灵感模式）

（3）灵感模式为默认模式，选择"灵感模式"，在歌曲描述部分输入情感、风格和主题，例如要创作一首欢快的流行电子舞曲，可以输入提示词"pbeat,pop,electronic,dance,synthesizer,fast",然后选择"音乐模型",确定是否打开"纯音乐"开关。注意在填写描述词时,词与词之间要用英文逗号隔开。在"我的创作"中内置了翻译器,用户可以直接输入中文提示词,最终接收的提示词都会被转换为英文。也可以先将中文提示词翻译成英文,再输入 Suno AI 中。这样可以更精准地表达需求,获得更满意的生成结果。

(4)选择"常规模式",打开如图 8-49 所示的对话框。在该模式下,既可以上传已有的音乐作为参考,也可以输入歌词或随机生成歌词,还可以选择歌手性别、音乐流派、音乐风格、音乐模型等。在输入歌词时,可通过单击"添加元标签"对歌词的段落结构进行调整和完善,如图 8-50 所示。

(5)选择"自定义模式",打开如图 8-51 所示的对话框。自定义模式与常规模式并无太大的区别,只是少了"歌手性别"选项,音乐风格可以采用输入方式也可以采用直接选择方式。

(6)所有选项确定并完成输入后,单击"创作"按钮,大概等待 1 分钟,右边列表可查看生成进度,生成完成后会显示完整的歌曲。生成的歌曲可以分享、预览、Remix 重新合成。

图 8-49 常规模式

图 8-50 添加元标签　　　　　　　　　　图 8-51 "自定义模式"

(7)借助音乐分离器,可以让用户仅需上传音频,即可通过世界上最先进人工智能算法,高质量地分离出人声和伴奏,以及各种乐器音轨,一步到位。音乐分离器界面如图 8-52 所示。

(8)借助 AI 翻唱功能,用户可以将原本由人唱的歌曲,通过计算机生成的人工语音合成技术,按照指定的歌手和风格实现机器自动翻唱。除此之外,还可以创建并训练自己的 AI 歌手。AI 翻唱界面如图 8-53 所示。

图 8-52 音乐分离器界面

图 8-53 AI 翻唱界面

8.4.3 使用天工开物 DesignXAI 平台的 AI 音频工具

天工开物 DesignXAI 是山东工艺美术学院搭建的一款专注于人工智能教育的创新平台，该平台提供了一整套人工智能设计工具，其中包括 Suno AI 中文版。借助该平台，用户可以直接在平台上进行 AI 音频创作。下面简单介绍其基本的操作流程，因为相关操作与通过 Suno 官方网站使用 Suno AI 英文版大同小异，因此，这里不再展开讲述。

（1）进入天工开物 DesignXAI 平台首页并登录，如图 8-54 所示。

图 8-54 DesignXAI 平台首页

（2）单击"创作中心"选项卡，再单击"AI音频"选项，打开"音乐生成"窗口，如图 8-55 所示。

图 8-55　创作页面

（3）在"歌曲描述"部分输入主题内容，打开"生成歌词"开关，如图 8-56 所示。

图 8-56　输入歌曲描述信息

（4）单击"立即生成"按钮，AI 即可自动分析歌词并快速生成一首美妙动听的歌曲，如图 8-57 所示。

（5）打开"自定义模式"开关，输入歌词内容或单击"生成随机歌词"按钮，再选择确定音乐风格，输入歌曲名称，如图 8-58 所示。

（6）单击"立即生成"按钮，AI 会按照定制选项快速生成歌曲。图 8-59 所示为歌曲正在生成中，图 8-60 所示为生成的歌曲列表。

第 8 章 人工智能音乐和视频创作技术及其工具 177

图 8-57 生成音乐中

图 8-58 "自定义模式"

图 8-59 歌曲正在生成中

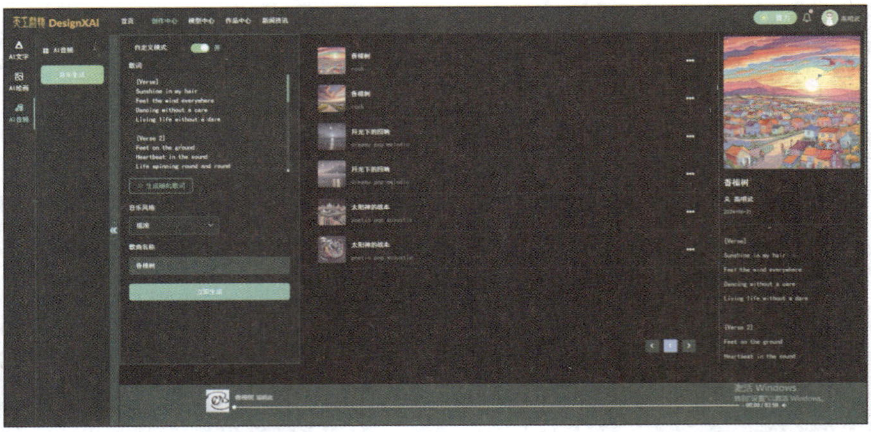

图 8-60 生成的歌曲列表

（7）选择生成歌曲，单击其后的 ![按钮图标] 按钮，在弹出的快捷菜单中选择"下载"命令，即可打开"新建下载任务"对话框，如图 8-61 所示。

图 8-61 "新建下载任务"对话框

（8）单击"下载"按钮，即可按照指定的位置和名称将歌曲下载到本地。

8.5 案例：使用"网易天音"创作歌曲

（1）登录"网易天音"首页，如图 8-1 所示。
（2）单击"开始创作"按钮，进入"网易天音"创作主界面，如图 8-2 所示。
（3）单击"AI 一键写歌"中的"开始创作"按钮，显示"新建歌曲"对话框，如图 8-62 所示。

图 8-62 "新建歌曲"对话框

(4)在"新建歌曲"对话框中,选择"关键字灵感"选项卡并输入奥运、中国、运动健儿、奖牌、拼搏、汗水等关键词,如图8-63所示。

图8-63 输入关键字

(5)单击"作曲/段落结构/音乐类型(选填)"右侧的 ∨ 按钮,设置段落结构为"全曲模式"、音乐类型为"国风",如图8-64所示。

图8-64 设置"全曲模式"和"国风"音乐类型

(6)单击"开始AI写歌"按钮,弹出"AI歌曲生成中"界面,如图8-65所示。

(7)AI歌曲生成后,显示如图8-66所示的歌曲编辑创作界面。

(8)对AI歌词中不恰当的地方进行修改,例如,将歌词中出现的"春天"改为"夏天",将"哥们"改为"中国"。修改时,可采用直接修改模式,也可采用"AI划词辅助推荐"模式。

图 8-65 "AI 歌曲生成中"界面

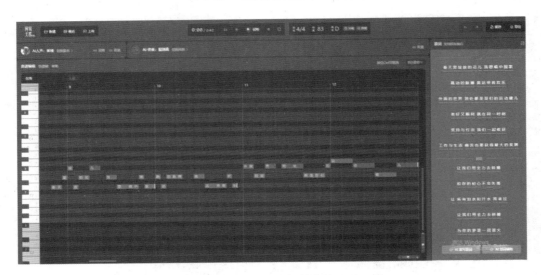

图 8-66 歌曲编辑创作界面

（9）单击"AI 歌曲编辑界面"上方中间的"试听"按钮，可对 AI 生成的歌曲进行试听。如果不满意，则可以使用相关工具修改节拍、曲调、风格，也可以切换歌手、调整音量、设置混响等。

（10）对 AI 生成歌曲的所有修改操作完成后，单击主窗口右上角的"保存"按钮，保存工程文件。

（11）单击主窗口右上角的"导出"按钮，在弹出的"导出歌曲"对话框中，选中"导出文件类型"复选框，如图 8-67 所示。

（12）单击图 8-67 所示对话框中的"导出"按钮，弹出如图 8-68 所示的"文件导出中"界面。

（13）导出完成后，显示如图 8-69 所示的界面，这样可以有选择地单击"整曲""伴奏""歌声""歌词""人声调校文件"右侧的下载 按钮进行下载。

第 8 章　人工智能音乐和视频创作技术及其工具　181

图 8-67　"导出歌曲"对话框

图 8-68　"文件导出中"界面

图 8-69　"文件导出完成"界面

8.6　人工智能视频基本知识

8.6.1　视频技术基本概述

人工智能视频即 AI 视频，是利用 AI 技术自动生成视频内容的前沿应用。它结合了深度学习、计算机视觉、自然语言处理等技术，能够根据文本描述、图像或其他视频自动生成新的视频，或对现有视频进行编辑和增强。

1. AI 视频技术的发展历程

AI 视频技术的发展主要经历了以下几个关键阶段。

（1）起步阶段：早期的 AI 视频技术主要集中在基础的视频分析和处理上，如自动剪辑、色彩校正等。

（2）深度学习的应用：随着深度学习技术的发展，AI 开始在视频内容理解、场景识别等方面取得突破。

（3）生成对抗网络（GANs）：GANs 的引入使得 AI 能够生成逼真的视频内容，如虚拟角色、人脸动画、特效等。

（4）RunwayGen2 的突破：RunwayGen2 的上线，让 AI 视频技术在影视行业引起了广泛的讨论和关注。

（5）PIKA 1.0 的创新：PIKA 1.0 以其创意无限的特点一夜爆火，将 AI 视频技术带入了更广泛的行业应用。

（6）Sora 的全球热潮：Sora 的推出将 AI 视频行业推向了全球的高潮，开启了 AI 视频技术的全新世代。

2. AI 视频的主要制作步骤

AI 视频的制作是一个涉及创意和技术的复杂过程，主要包括以下几个基本步骤。

（1）选择 AI 视频生成器：根据自己的需求和技能水平，选择一个合适的 AI 视频生成工具。对于初学者来说，即梦 AI 或可灵 AI 都是不错的起点。

（2）编写或生成脚本：使用平台的 AI 脚本生成器如 ChatGPT、Kimi 等撰写脚本，或自己编写脚本。脚本力求简洁和引人入胜。

（3）制作分镜脚本：确立剧本大纲后，进行视频的分镜脚本制作，这一阶段要求对脚本进行深入解析和细化，明确每个镜头的具体画面内容、拍摄视角和镜头运用技巧。

（4）文本生成图片：依据分镜脚本的内容，利用 AI 生成所需的图片。在生成过程中，可能需要反复调整参数重新生成，或使用 Photoshop 和其他修图软件来调整生成的图片，以确保它们符合预期。

（5）图片生成视频：将 AI 生成的静态图片转换成视频。这一步骤可以通过上传一张图片直接生成视频，或者通过上传首帧图片和尾帧图片生成视频。

由于视频生成技术主要分为文生视频、图生视频和视频生视频三种类型，因此，上述步骤并不是一成不变的，在视频生成过程中，也可以利用文本描述直接生成视频，或参考现有的视频素材生成新的视频。

3. 在制作 AI 视频过程中的注意事项

（1）描述要准确详细。无论是图片还是视频生成，尽量使用具体、准确的语言描述，以便 AI 视频生成工具更好地理解需求，生成更符合期望的作品。

（2）合理选择生图模型、精细度、视频风格等参数，可根据实际需求和场景进行调整。若追求高质量的图片或视频，可选择较高的精细度和合适的风格，但要注意生成时间可能会相应延长。

（3）注意版权问题。AI 视频生成工具生成的图片和视频可能受到版权保护，在使用时要注意遵守相关法律法规，不得用于商业用途或侵犯他人版权。

（4）系统要求。确保自己的设备满足 AI 视频生成工具的系统要求，以获得最佳的使用体验。

4. AI 视频的应用领域

AI 视频生成技术的发展为内容创作带来了革命性的变化，使创作更加高效和便捷，被广泛应用于广告制作、商业摄影、电影剪辑、短视频制作、游戏营销、个人创作等领域。

尽管 AI 视频生成技术取得了显著进展，但仍存在一些技术难点：缺乏大规模、高质量的数据集；视频数据集建模的复杂性；用户 Prompt 表达的不确定性等。相信随着技术的不断进步，未来这一领域有望实现更多创新和突破。

8.6.2 常用 AIGC 视频生成工具

1. 奇妙元

奇妙元是一款一站式数字人视频制作和直播平台，可以将文档轻松转化为数字人视频，已为数百家行业客户提供数字形象定制服务。奇妙元提供包括"一张照片驱动数字人""2.5D 真人克隆""3D 定制及 IP 活化"等多种数字形象克隆方案，告别真人录制，使用一站式数字形象编辑器，像做 PPT 一样轻松制作数字人视频和直播。奇妙元界面如图 8-70 所示。

图 8-70　奇妙元界面

奇妙元一站式数字人视频制作 & 直播平台具有以下特点。
（1）傻瓜式操作：一个视频 =1 段文案 +1 个数字人 + 一键合成。
（2）速度快：制作一个真人口播视频，仅需 5 分钟。
（3）随时修改：可随时修改数字人视频文本，随时生成。
（4）数字人更智能：一个数字人可说 10 种语言，可选择 500 种声音类型。

2. Pixeling

Pixeling 是由"智象未来"（HiDream.ai）开发的一站式 AI 图片和视频生成平台，基于"自研的生成式视觉多模态基础模型"，旨在为用户提供高质量的视觉内容创作工具。Pixeling 界面如图 8-71 所示。

图 8-71　Pixeling 界面

Pixeling 的核心功能包括以下几种。

（1）文字生成图片和视频：通过输入简单的中英文描述或上传参考图，快速生成图片或视频。

（2）视频编辑：包括智能重绘、智能拓图、图片增强等功能，帮助用户对现有视频进行编辑和优化。

（3）高清画面生成：支持 4K 高清画面的生成，确保输出内容的高质量。

（4）全局/局部可控功能：用户可以控制生成内容的全局或局部细节，实现更精准的内容生成。

3. 星火绘境

星火绘境是一款由"科大讯飞"推出的 AI 短视频创作平台，将用户的文字描述自动转化为视频内容，特别适合内容创作者、营销人员和教育工作者等需要快速将创意或故事转化为视频的用户。星火绘境界面如图 8-72 所示。

图 8-72　星火绘境界面

星火绘境的核心功能包括以下两种。

（1）MV 创作：通过简单的歌词或情节输入，轻松打造个性化音乐视频。

（2）故事创作：以剧情和人物设定为基础，快速生成自定义 AI 故事短片。

4. Vega AI

Vega AI 是一款创新的在线创作工具,以其简化的操作流程和高效的内容生成能力,为创作者提供一个快速、个性化、高效的创作环境。它不仅支持在线快速训练和定制,还率先开放了视频生成大模型,让视频创作变得非常简单。同时,支持 2~4K 视频。Vega AI 界面如图 8-73 所示。

图 8-73　Vega AI 界面

Vega AI 的核心功能包括以下几种。
（1）视频生成:支持文生视频和图生视频。
（2）图片生成:包括文生图、图生图、画质提升、姿势生图。
（3）模型训练:包括风格广场和风格训练,方便用户训练自己的模型。

5. 即梦 AI

即梦 AI 是剪映旗下的一个 AI 创作平台,集成了多种 AI 创作功能,目前支持图片生成、智能画布和视频生成、故事创作功能。用户注册后,每天可免费领取 80 积分用于图片和视频的生成,使得即梦 AI 成为日常视频创作的理想选择。即梦 AI 界面如图 8-74 所示。

图 8-74　即梦 AI 界面

即梦 AI 的核心功能包括以下几种。
（1）文字生成图片:支持选择参考图、设置模型、精细度、图片尺寸和比例等。

（2）文字或图片生成视频：支持设置运镜控制、运动速度、生成时长、视频比例等，还有"支持添加首帧和尾帧图片"。

（3）智能画布：通过提示词自由绘制图片，并支持实时生成图片。

（4）活动和探索：即梦 AI 提供了丰富的官方活动和使用示例，让用户可以更好地使用即梦进行创作。

6. Runway

Runway 是一款基于人工智能的创意工具和平台，它提供了一系列强大的功能，旨在帮助用户在视觉内容创作、设计和开发过程中提高效率和创新能力。Runway 界面如图 8-75 所示。

图 8-75　Runway 界面

Runway 的核心功能包括以下几种。

（1）视频创作与编辑：包含动画、转场效果及视觉特效，并配备强大的视频编辑工具。

（2）图片生成和编辑：支持图片生成、编辑，包括风格转换等。

（3）3D 艺术创作：支持 3D 模型的生成、编辑、渲染功能，支持构建和交互实时 3D 场景。

（4）音频制作和编辑：支持音频处理工具，包括语音合成、音乐创作及音效设计。

（5）支持 API 调用：提供 API 支持，让开发者可以更方便地接入 Runway。

Runway 除了 Gen-2 外，还提供了 26 个工具，主要包括 Generative、Video、Image、3D 和 Audio 等。

7. 可灵 AI

可灵 AI 是由"快手大模型团队"基于自研的可灵大模型（Kling）开发的视频生成工具，具备强大的视频生成能力，支持生成长达 3 分钟、1080p 分辨率的高清视频，并支持自由调整宽高比的功能。支持基于文本和图片的视频生成，允许用户自定义视频的起始和结束画面，实现视频内容的续写。用户每次登录都能免费获得一定数量的灵感值，用于图片和视频的生成。可灵 AI 界面如图 8-76 所示。

可灵 AI 的核心功能包括以下几种。

（1）文生视频：画质升级、单次 10 分钟视频生成。

（2）图生视频：画质提升、支持自定义首尾帧。

（3）运镜控制：提供丰富的镜头控制选项，预设多种大师级镜头模式。

图 8-76　可灵 AI 界面

8. Vidu

Vidu 是由生数科技和清华大学联合研发的国内首个纯自研原创视频大模型,凭借在快速推理、精确语义理解、高动态性和极致动漫风格等方面的优势,快速挤进全球视频大模型的"第一梯队"。Vidu 界面如图 8-77 所示。

图 8-77　Vidu 界面

Vidu 全面开放使用,支持文生视频、图生视频,视频风格支持"写实"和"动画",可生成 4 秒、8 秒的视频。

9. PixVerse

PixVerse 是一款"爱诗科技"开发的 AI 视频生成工具,内置强大的生成式 AI 模型,支持灵活的多模态输入,支持高效的视频转换以及富有艺术创造力的输出,为用户提供了一种全新的视频创作方式。PixVerse 界面如图 8-78 所示。

PixVerse 的核心功能包括以下几种。

图 8-78　PixVerse 界面

（1）多模态输入支持：支持图像、文本和音频等输入。

（2）角色一致性换背景：支持在更换场景的情况下保持人物的一致性。

（3）实时预览与调整：在编辑过程中，用户可以实时预览，并随时调整参数以达到最佳效果。

（4）Magic Brush 运动笔刷功能：允许用户通过涂抹区域和绘制轨迹来精确控制视频元素的运动。

10. WHEE

WHEE 是由"美图公司"推出的一款 AI 视觉创作工具，提供文生视频、图生视频、文生图、图生图、画面拓展及局部修改等功能。用户可以通过输入文字或上传图片生成与之相匹配的视频，还可以根据用户需求进行智能剪辑和编辑。WHEE 界面如图 8-79 所示。

图 8-79　WHEE 界面

WHEE 的核心功能包括以下几种。

（1）文生视频和图生视频：支持通过提示词和图片，生成相应的视频。

（2）文生图和图生图：支持通过提示词或图片，生成相应的图片。

（3）线稿上色和涂鸦生图：允许用户对线稿进行上色，通过涂鸦创作并生成新的图像。

（4）AI 改图和扩图：对图片进行修改和优化，扩展图片的尺寸和内容。

11. 其他 AI 视频生成工具

除了前面介绍的 10 种 AI 视频生成工具外，还有很多常用的工具，例如 Moki、HeyGen、Pika、Luma、Etna、智谱清言"清影"、速成片等，在此不再一一介绍，感兴趣的读者可以自行查阅相关资料。

8.6.3 Prompt 文字指令的输入

多数 AI 视频生成工具可以根据用户提供的图片、Prompt 和各种参数设置生成高质量的视频。但是，要想获得最佳的视频质量，需要写好 Prompt。

1. 什么是 Prompt

在 AI 视频生成中，Prompt 是直接描述或引导视频生成的文字指令。类似给 AIGC 工具的提示，包含主体、运动、风格等信息，用户借此控制和指导生成内容。

2. Prompt 的输入要求

1）简洁明了

Prompt 应该简洁明了，避免使用过于复杂的语言（如古诗词、抽象描写、长难句等），尽量使用简单的词汇和句子结构，如"戴着帽子的老人的双手拿着一块冰，微风吹动老人的胡子""一只白色的拉布拉多狗在湖中慢慢地游泳"。

2）具体翔实

Prompt 应该尽可能具体，提供足够的细节，但需要清楚、简单、好理解，太长的运动指令，模型可能不能完全覆盖。例如，如果想生成一个关于"海滩"的视频，则可以提供具体的海滩外观、海浪运动、画风等信息，如"薄荷绿的海浪拍打着金色的沙滩，棕榈树在海岸边，微风吹动棕榈树的叶子，手绘风格，漫画""一个黑色的小猫静静地趴在粉色透明花瓶旁，背景是淡黄色的窗帘，微风吹动窗帘"。

3）突出主体

Prompt 应该突出主体及其运动形态，让 AI 视频生成工具知道创作者想要表达的核心内容。例如，如果想生成一个关于"直升机在空中飞"的视频，则可以提供具体的直升机外观、飞行方式、背景等信息，如"一架红色和黑色相间的直升机在空中飞行，背景是雪山和云层"，这样可以降低试错成本。

4）自然语言描述

Prompt 应该避免歧义和抽象，确保 AI 视频生成工具可以正确理解用户的意图。例如，应避免输入类似"举头望明月"的语句，同样的语境可以用"一位中国古代的男性抬头望着月亮，背对着镜头，忧愁的氛围，夜晚"描述。

5）一致性描述

Prompt 应该从多个角度描述创作者的需求，这样可以帮助 AI 视频生成工具生成更加全面的视频。人种、画风、宠物品种都可以让生成内容符合预期。例如，如果想生成一个关于"狗"的视频，可以提供不同狗的品种、外貌、行为等信息，如"一只白色萨摩耶狗在公路上向前奔跑，背景是公路和公路两旁的树木""一个有金色头发的亚洲女性坐在红色的沙发上，背景是白色花卉的壁纸""油画女孩被风吹过，树叶的影子晃动""一只 3D

卡通小狗，慢慢地向前走远"等。

6）加入少量情感元素

Prompt 可以加入情感元素，让 AI 视频生成工具生成更加生动和符合情绪预期的视频。例如，可以在 Prompt 中加入快乐、悲伤、兴奋等情感词汇，如"白人男性开心地对着镜头笑""亚洲卷发女孩忧郁地看着镜头，风吹动她的头发"。但是，目前很多模型对"情感额外的新内容生成"可能无法完全满足，如没有眼泪的人脸需要出现眼泪，一张哭泣的脸需要他大笑等。

一般情况下，输入 Prompt 可以采用以下公式：

"主体 A" + "外观描述" + "运动"，"主体 B" + "外观描述" + "运动"，"主体 C" + "外观描述" + "运动"。

3. 输入 Prompt 时应避免的事项

1）古诗词

中国语言博大精深源远流长，对文字的处理言简意赅，一首古诗所包含的内容可以通晓古今，但是 AIGC 产品却未必能够理解。例如，"举头望明月"可编写为："一位中国古代的男性抬头看着天空中的月亮"或"An ancient Chinese man is raising his head towards the moon"。

2）抽象描述

无法视觉具象化的内容称为抽象描述，例如，"他如今逐渐成长为一位明君"（AIGC 产品会问："他"是谁？长什么样？怎么成长的？明君是什么？）或"请给我生成一个高数教学视频"（AIGC 产品会问："请给我生成一个"是什么意思？高数教学视频是什么？）或"一朵花盛开，8K，超清镜头，你可以自由发挥"（AIGC 产品会问：8K 暂时做不到啊，"你"是谁？"可以自由发挥"是什么画面？"自由发挥"是什么？）。

3）没有主语 + 抽象词组

在文生视频中，没有主语的描述等同于没有主体的内容，或用词组的描述方式，可能会使模型无法理解输入的内容导致生成视频结果不达预期，例如，"生长，茂盛"（AIGC 产品会问：什么生长？什么茂盛？我是谁？我在哪？我要干什么？）或"生成一个火热招募的场景"（AIGC 产品会问："生成一个"是什么意思？"火热招募"什么？）或"风，雨，摇动，一个女孩，爆炸，3D"（AIGC 产品会问：我应该怎么做？）。

4）音效和声音的描述

很多模型目前仅支持生成视频画面，无法生成声音效果；如果描述过多对声音的要求，可能会导致视频生成效果质量不佳。

8.7 案例：使用即梦 AI 生成图片和视频

即梦 AI 不仅能够根据文本描述生成高质量的图像和视频内容，还具备一系列高级编辑功能，包括智能画布、故事创作模式、关键帧动画、口型同步、镜头运动和速度调节等。本案例将以即梦 AI 为创作平台讲述有关 AI 图片和视频的创作方法。

8.7.1 登录即梦 AI 创作平台

（1）打开如图 8-80 所示的"即梦 AI"一站式 AI 创作平台。

图 8-80 "即梦 AI"一站式 AI 创作平台

（2）单击"登录"按钮，显示如图 8-81 所示的"即梦 AI"授权界面。

图 8-81 "即梦 AI"授权界面

（3）使用抖音 App 扫描二维码登录授权或使用手机验证码方式登录授权，显示如图 8-82 所示的界面。

图 8-82 "即梦 AI"首页

8.7.2 即梦 AI 生成图片

（1）单击"AI 作图"栏中的"图片生成"按钮，进入如图 8-83 所示的"图片生成"界面。

图 8-83 "图片生成"界面

（2）在提示词输入框中以准确、详细的语言描述期望的图片内容，例如"明媚的阳光下，一个五六岁的小男孩拿着气球，在父母的陪伴下，在广场上快乐地玩耍"。选择"生图模型"为即梦 AI 通用 2.0（不同模型在风格和效果上有所差异，需根据具体需求挑选）。设定"精细度"为 5（数值范围为 0~10，精细度越高，图片质量越好，但生成时间也会相应延长）。选择 16∶9 的横屏比例，设置图片尺寸为 1024×576 像素，如图 8-84 所示。

（3）单击"立即生成"按钮，等待即梦 AI 生成图片。稍后，便可在窗口看到即梦 AI 按照参数设置生成的 4 张图片，如图 8-85 所示。

（4）选取自己满意的图片下载到本地或发布，也可对不满意的图片进行重新编辑或再次生成，如图 8-86 所示。利用图 8-86 所示的：重新编辑、再次生成、发布、超清、细节修复、局部重绘、下载、收藏工具，可做进一步的调整和操作。

（5）可单击某张图片，在如图 8-87 所示的窗口中进行有关操作。

（6）下载某张图片并将其添加到"参考图"，可打开如图 8-88 所示的窗口，此时选择参考的图片维度，单击"保存"按钮。

图 8-84 "图片生成"参数设置

图 8-85　生成的图片

图 8-86　图片操作按钮

图 8-87　图片编辑界面

图 8-88　设置参考维度

（7）再次单击"立即生成"按钮，即梦 AI 即可按照参考风格再度生成 4 张图片以供选择，如图 8-89 所示。

图 8-89　生成图片效果

8.7.3　即梦 AI 生成视频

即梦 AI 生成视频分为图片生视频和文本生视频两大类。

1. 图片生视频

（1）单击"视频生成"，选择"图片生视频"选项，显示如图 8-90 所示的界面。

图 8-90　"视频生成"界面

（2）上传想要制作成视频的图片，可以是单张或多张。同时，结合图片输入生成画面的描述和动作，并根据需要选中"使用尾帧"复选框（只有 VIP 才可使用），若选中，则视频的最后一帧会重复显示，以增强视频稳定性，如图 8-91 所示。

（3）单击"动效面板"中的"点击设置"按钮，打开如图 8-92 所示的窗口，选择主体，设置运动路径，单击"保存设置"按钮。

（4）单击"生成视频"按钮，等待一会儿后，便可显示视频画面，如图 8-93 所示。

（5）单击视频画面，打开如图 8-94 所示的窗口，可以通过使用"视频延长""补帧""提升分辨率""AI 配乐""重新编辑""再次生成"等按钮进行进一步调整和操作。

图 8-91　"图片生视频"界面

图 8-92 动效面板

图 8-93 生成视频效果

图 8-94 视频编辑窗口

（6）由于"动效面板"和"运镜控制""运动速度"不能同时设置。在生成视频时，也可单独设置运镜控制，调整镜头的移动方式，如移动、旋转、幅度等，为视频增添动态感，如图 8-95 所示。设置完成后，单击"应用"按钮。

（7）选择"运动速度"为"中"，设置"模式选择"为标准模式（标准模式下视频效果较为均衡，流畅模式则更注重画面的流畅度），设置生成时长为6s，选择视频比例为16∶9，确定生成次数为1，并根据情况选中"闲时生成"复选框（若不急于获取视频，可选择此选项以减轻服务器压力），如图8-96所示。

图8-95　运镜控制　　　　　　　　图8-96　"图片生视频"参数设置

（8）单击"立即生成"按钮，等待即梦AI生成视频。视频生成后，效果如图8-97所示。

图8-97　视频生成效果

2. 文本生视频

（1）单击"视频生成"，选择"文本生视频"选项，在"提示词输入框"中详细描述想要的视频内容，如输入"浪漫的海边，夕阳西下，一对情侣手牵手漫步在沙滩上"，如图8-98所示。

（2）其他参数如运镜控制、运动速度、模式选择、生成时长、视频比例、生成次数、闲时生成等参照前面"图片生视频"设置，单击"立即生成"按钮，等待即

图8-98　"文本生视频"界面

梦 AI 生成视频。视频生成后，效果如图 8-99 所示。

图 8-99　视频生成效果

3. 对口型

"对口型"功能是即梦 AI "视频生成"中的二次编辑功能，支持中文、英文配音。该功能主要针对写实、偏真实风格化人物的口型及配音生成，为用户的创作提供更多视听信息的能力。通俗地讲，"对口型"功能可以让照片开口说话。例如，选择一张人物照片，制作一个让其开口讲话的祝福的视频。

（1）在"视频生成"界面，单击"对口型"，显示如图 8-100 所示的对话框。

（2）选择一张图片上传到"角色"栏，选择"对口型"栏目，并输入想要让图片"说"或"唱"的文本内容，如"国庆佳节，愿你的生活像国旗一样红火，像国歌一样激昂，像国徽一样庄重，国庆节快乐！"，同时，根据需要选择不同的声音效果，设置语速，如图 8-101 所示。

图 8-100　"对口型"对话框

图 8-101　"对口型"参数设置

（3）单击"生成视频"按钮，即可生成一段照片说话的短视频，如图8-102所示。

图8-102 视频生成效果

（4）一键分享。当短视频制作完成后，可分享到各大短视频平台或者朋友圈。

4. 使用"智能画布"对图片进行再编辑

智能画布的功能强大，可对生成的图片进行扩图、局部重绘、消除抠图、高清放大等操作，满足用户对图片进一步编辑处理的需求。

（1）选择某张生成的图片，显示如图8-103所示的画面。在此，可根据需求选择相应功能进行操作。

图8-103 "智能画布"界面

（2）若要扩图，可选择"扩图"功能，并调整扩图范围和大小，如图8-104所示。

（3）如果生成的图片略显空旷，可选择一定的扩图比例进行扩图。单击"立即生成"按钮，即可重新生成图片，效果如图8-105所示。

5. 故事创作

故事创作模式为用户提供了从故事分镜到镜头组织管理的一站式解决方案，配合编辑工具，极大地提高了创作效率，使用户能够轻松地将创意转化为引人入胜的视觉故事。

图 8-104 "扩图"对话框

图 8-105 "扩图"后效果

"故事创作"可采用批量导入分镜和创建空白分镜两种方式。批量导入分镜是导入之前已经创建好的分镜头,既可以采用"本地上传"方式,也可以采用"资产上传"方式。创建空白分镜方式类似"文本生视频",即根据输入的关键词或主题,自动生成富有创意的分镜头。下面以创建空白分镜头方式进行故事创作,主要步骤如下。

(1)使用 Kimi 工具以"快乐游戏时间"为主题制作一组分镜头脚本,脚本内容如下。

镜头1:全景。

场景描述:幼儿园的操场上,阳光明媚,小朋友们穿着统一的园服,兴奋地聚集在一起。

角色动作:老师站在小朋友们的前面,微笑着举起手中的游戏道具。

对话(老师):"小朋友们,今天我们来玩一个有趣的游戏,叫作'小兔子跳跳',大家准备好了吗?"

镜头类型:全景镜头,展示整个操场和小朋友们的兴奋状态。

镜头2：中景。
场景描述：小朋友们分成几个小组，每个小组前面都有一个彩色的呼啦圈。
角色动作：小朋友们兴奋地拍手，准备开始游戏。
对话（小朋友A）："我最喜欢小兔子跳跳了！"
镜头类型：中景镜头，聚焦在小朋友们和呼啦圈上。

镜头3：特写。
场景描述：镜头对准一个小朋友的脸，他的眼中闪烁着期待的光芒。
角色动作：小朋友紧张地握着小拳头，准备开始跳跃。
对话：无。
镜头类型：特写镜头，捕捉小朋友的表情。

镜头4：中景。
场景描述：游戏开始，小朋友们一个接一个地跳过呼啦圈。
角色动作：小朋友们轮流跳过呼啦圈，有的轻松跳过，有的小心翼翼。
对话（小朋友B）："看我的，我能跳得最高！"
镜头类型：中景镜头，展示游戏的进行。

镜头5：全景。
场景描述：游戏结束，小朋友们围成一圈，老师在中间颁发小奖品。
角色动作：小朋友们兴奋地鼓掌，有的小朋友手里拿着奖品，脸上洋溢着自豪的笑容。
对话（老师）："今天大家都表现得很棒，每个人都是小兔子跳跳的冠军！"
镜头类型：全景镜头，展示整个操场和小朋友们的欢乐。

（2）返回即梦AI的首页，单击"故事创作"，即可打开"故事创作"界面，如图8-106所示。

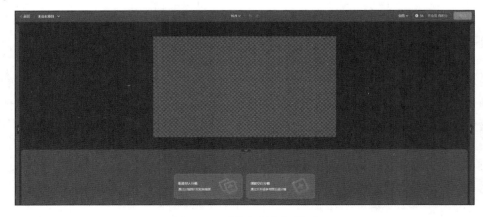

图8-106 "故事创作"界面

(3)单击"创建空白分镜",将镜头 1 脚本内容输入"分镜描述栏",创建分镜头 1,进而按照此法,依次创建 5 个分镜头,如图 8-107 所示。

图 8-107　创建分镜头

(4)单击窗口下方的"添加音频"按钮,为整个视频添加背景音乐,如果音频时间过长,则可以右击音频素材,进行分割和删除,效果如图 8-108 所示。

图 8-108　添加音频

(5)单击窗口右上角的"导出"按钮,弹出如图 8-109 所示的选项列表。

(6)选择"导出成片",弹出"导出设置"对话框,在其中输入项目名称,选择导出的格式,如图 8-110 所示。

图 8-109　导出镜头

图 8-110　"导出设置"对话框

（7）单击"导出"按钮，即可将成片下载到本地。最终效果如图 8-111 所示。

图 8-111　导出成片

8.8　小结

AI 音乐创作不仅需要掌握基本乐理知识，还需了解作曲与作词的技巧，以创作出易于传唱且情感丰富的音乐作品。音乐创作三要素包括旋律、节奏、和声。旋律是音乐横向发展的音列，节奏是音乐中乐音时间长短和强弱变化，和声是音高上的纵向结合。歌曲结构通常包含引子、主歌、副歌等部分，音乐风格多样，如古典、流行等。作曲与编曲是音乐创作的重要环节，作曲主要指旋律写作，而编曲是给旋律制作伴奏，两者都需要考虑音乐的织体、曲式等要素。歌词是与曲调配合演唱的词句，可以是自由作词或根据旋律填词。作词要点包括口语化、韵文化和规律化，以确保歌词的演唱性和易传播性。Suno AI 和"网易天音"等 AI 音乐制作工具提供的丰富功能，可以使用户非常便捷地进行音乐创作和调整，并满足个性化需求。

AI 视频是利用 AI 技术自动生成视频内容的前沿应用，能够根据文本描述、图像或其他视频自动生成新的视频，或对现有视频进行编辑和增强。视频生成技术主要分为文生视频、图生视频和视频生视频三种类型。在视频生成过程中，通常利用文本描述直接生成图片或视频，因此，对于 Prompt 文本指令，尽量使用具体、准确的语言描述，避免输入抽象难以理解的语句，以便 AI 视频生成工具更好地理解需求，生成更符合期望的作品。除此之外，我们还要学会善于选择和运用合适的 AI 视频工具，充分发挥它们的功能和优势，熟练掌握各种参数设置，帮助自己进行 AI 视频创作。

习题

1. 音乐创作的三要素是什么？
2. 歌曲结构主要包括哪几部分？

3. 常见的 AI 音乐制作工具有哪些？
4. 作词时应注意哪几个要点？
5. 什么是音乐风格？
6. 比较典型的音乐风格有哪些？
7. 常见的 AI 视频生成技术主要有哪三种类型？
8. 对于 Prompt 的输入，有哪些基本要求？
9. 使用即梦 AI 生成一段精彩的视频。上传一组美丽的风景图片，设置运镜控制为平移，运动速度适中，选择标准模式，生成时长为 6s，视频比例为 16∶9，生成次数为一次。
10. 使用即梦 AI 生成一段温馨的视频。在提示词输入框中输入"美丽的花园，有一个女孩在弹钢琴"，设置运镜控制为旋转，运动速度较慢，选择标准模式，生成时长为 8s，视频比例为 9∶16，生成次数为两次。

参 考 文 献

[1] 阿斯顿·张，扎卡里·C. 立顿，李沐，等. 动手学深度学习 [M]. 何孝霆，等译. 北京：人民邮电出版社，2023.

[2] 周志华. 机器学习 [M]. 北京：清华大学出版社，2016.

[3] 董占军，等. 人工智能设计概论 [M]. 北京：清华大学出版社，2024.

[4] 薛亚非，曾毓敏，徐琴. Python 与人工智能 [M]. 成都：电子科技大学出版社，2021.

[5] 斋藤康毅. 深度学习入门——基于 Python 的理论与实践 [M]. 陆宇杰，译. 北京：人民邮电出版社，2018.

[6] 杨博雄，等. Python 人工智能：原理、实践及应用 [M]. 北京：清华大学出版社，2021.

[7] 杨柳，郭坦，鲁银芝. Python 人工智能开发从入门到精通 [M]. 北京：北京大学出版社，2020.

[8] 张松慧，陈丹. 机器学习 Python 实战 [M]. 北京：人民邮电出版社，2024.

[9] 宋楚平，陈正东. 人工智能基础与应用 [M]. 北京：人民邮电出版社，2023.